JN185416

東京大学工学教程

基礎系 数学

微分幾何学とトポロジー

東京大学工学教程編纂委員会 編　　永長直人 著

Differential Geometry and Topology

SCHOOL OF ENGINEERING
THE UNIVERSITY OF TOKYO

丸善出版

東京大学工学教程

編纂にあたって

東京大学工学部，および東京大学大学院工学系研究科において教育する工学はいかにあるべきか．1886 年に開学した本学工学部・工学系研究科が 125 年を経て，改めて自問し自答すべき問いである．西洋文明の導入に端を発し，諸外国の先端技術追奪の一世紀を経て，世界の工学研究教育機関の頂点の一つに立った今，伝統を踏まえて，あらためて確固たる基礎を築くことこそ，創造を支える教育の使命であろう．国内のみならず世界から集う最優秀な学生に対して教授すべき工学，すなわち，学生が本学で学ぶべき工学を開示することは，本学工学部・工学系研究科の責務であるとともに，社会と時代の要請でもある．追奪から頂点への歴史的な転機を迎え，本学工学部・工学系研究科が執る教育を聖域として閉ざすことなく，工学の知の殿堂として世界に問う教程がこの「東京大学工学教程」である．したがって照準は本学工学部・工学系研究科の学生に定めている．本工学教程は，本学の学生が学ぶべき知を示すとともに，本学の教員が学生に教授すべき知を示す教程である．

2012 年 2 月

2010–2011 年度
東京大学工学部長・大学院工学系研究科長　北　森　武　彦

東京大学工学教程

刊行の趣旨

現代の工学は，基礎基盤工学の学問領域と，特定のシステムや対象を取り扱う総合工学という学問領域から構成される．学際領域や複合領域は，学問の領域が伝統的な一つの基礎基盤ディシプリンに収まらずに複数の学問領域が融合したり，複合してできる新たな学問領域であり，一度確立した学際領域や複合領域は自立して総合工学として発展していく場合もある．さらに，学際化や複合化はいまや基礎基盤工学の中でも先端研究においてますます進んでいる．

このような状況は，工学におけるさまざまな課題も生み出している．総合工学における研究対象は次第に大きくなり，経済，医学や社会とも連携して巨大複雑系社会システムまで発展し，その結果，内包する学問領域が大きくなり研究分野として自己完結する傾向から，基礎基盤工学との連携が疎かになる傾向がある．基礎基盤工学においては，限られた時間の中で，伝統的なディシプリンに立脚した確固たる工学教育と，急速に学際化と複合化を続ける先端工学研究をいかにしてつないでいくかという課題は，世界のトップ工学校に共通した教育課題といえる．また，研究最前線における現代的な研究方法論を学ばせる教育も，確固とした工学知の前提がなければ成立しない．工学の高等教育における二面性ともいえ，いずれを欠いても工学の高等教育は成立しない．

一方，大学の国際化は当たり前のように進んでいる．東京大学においても工学の分野では大学院学生の四分の一は留学生であり，今後は学部学生の留学生比率もますます高まるであろうし，若年層人口が減少する中，わが国が確保すべき高度科学技術人材を海外に求めることもいよいよ本格化するであろう．工学の教育現場における国際化が急速に進むことは明らかである．そのような中，本学が教授すべき工学知を確固たる教程として示すことは国内に限らず，広く世界にも向けられるべきである．2020 年までに本学における工学の大学院教育の 7 割，学部教育の 3 割ないし 5 割を英語化する教育計画はその具体策の一つであり，工学の教育研究における国際標準語としての英語による出版はきわめて重要である．

現代の工学を取り巻く状況を踏まえ，東京大学工学部・工学系研究科は，工学の基礎基盤を整え，科学技術先進国のトップの工学部・工学系研究科として学生が学び，かつ教員が教授するための指標を確固たるものとすることを目的として，時代に左右されない工学基礎知識を体系的に本工学教程としてとりまとめた．本工学教程は，東京大学工学部・工学系研究科のディシプリンの提示と教授指針の明示化であり，基礎（2 年生後半から 3 年生を対象），専門基礎（4 年生から大学院修士課程を対象），専門（大学院修士課程を対象）から構成される．したがって，工学教程は，博士課程教育の基盤形成に必要な工学知の徹底教育の指針でもある．工学教程の効用として次のことを期待している．

- 工学教程の全巻構成を示すことによって，各自の分野で身につけておくべき学問が何であり，次にどのような内容を学ぶことになるのか，基礎科目と自身の分野との間で学んでおくべき内容は何かなど，学ぶべき全体像を見通せるようになる．
- 東京大学工学部・工学系研究科のスタンダードとして何を教えるか，学生は何を知っておくべきかを示し，教育の根幹を作り上げる．
- 専門が進んでいくと改めて，新しい基礎科目の勉強が必要になることがある．そのときに立ち戻ることができる教科書になる．
- 基礎科目においても，工学部的な視点による解説を盛り込むことにより，常に工学への展開を意識した基礎科目の学習が可能となる．

東京大学工学教程編纂委員会　委員長　光　石　　衛
幹　事　吉　村　　忍

基礎系 数学

刊行にあたって

数学関連の工学教程は全 17 巻からなり，その相互関連は次ページの図に示すとおりである．この図における「基礎」,「専門基礎」,「専門」の分類は，数学に近い分野を専攻する学生を対象とした目安であり，矢印は各分野の相互関係および学習の順序のガイドラインを示している．その他の工学諸分野を専攻する学生は，そのガイドラインに従って，適宜選択し，学習を進めて欲しい.「基礎」は，ほぼ教養学部から 3 年程度の内容ですべての学生が学ぶべき基礎的事項であり，「専門基礎」は，4 年生から大学院で学科・専攻ごとの専門科目を理解するために必要とされる内容である．「専門」は，さらに進んだ大学院レベルの高度な内容で，「基礎」,「専門基礎」の内容を俯瞰的・統一的に理解することを目指している．

数学は，論理の学問でありその力を訓練する場でもある．工学者はすべてこの「論理的に考える」ことを学ぶ必要がある．また，多くの分野に分かれてはいるが，相互に密接に関連しており，その全体としての統一性を意識して欲しい．

＊　＊　＊

本書では，微積分，線形代数，ベクトル解析などの基礎をもとに，現代数学の最先端である微分幾何学とトポロジーのいくつかの重要なテーマについて学ぶ．解析幾何学による曲線や曲面の研究は多様体という概念によって一般化され，それは平行線の公理が成立しない非 Euclid 幾何学の舞台となる．Einstein が看破したように我々の住む物理的時空もその一例である．3 次元空間の曲線と曲面の幾何学から始めて，多様体，ホモロジー，コホモロジー，ファイバー束と特性類，指数定理，ホモトピー，カタストロフィーの各テーマにつき，数学的な厳密性よりも直観的な理解に重点を置いて解説する．

東京大学工学教程編纂委員会
数学編集委員会

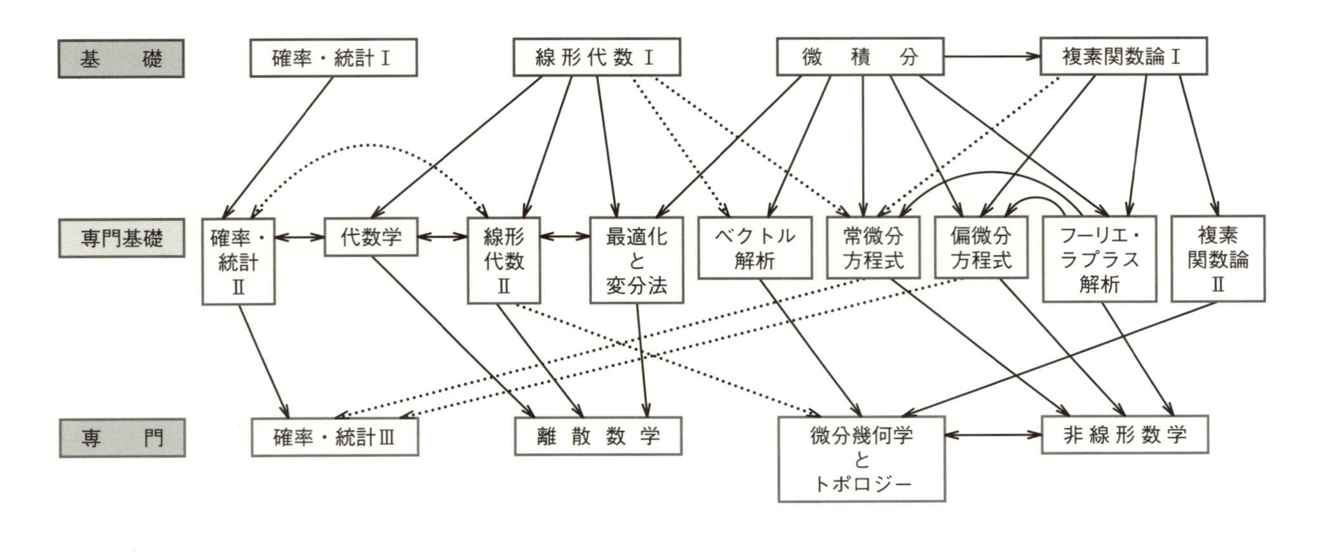

工学教程 (数学分野) の相互関連図

目　次

はじめに

幾何学の歴史はギリシャの Euclid (ユークリッド) による『原論』にまで遡る．すでにこの時代に，公理系から出発して論理を積み重ねていくことで学問体系がつくられていたことは一驚に値するが，その公理の中で第 5 番目の「平行線の公理」とよばれるものが歴史的に論争の的になってきた．それは「平面上における直線と，直線から離れた点に対して，その点を通り直線に平行な直線は 1 本しか存在しない」というもので，ほかの 4 つの公理からこれを導こうとする努力が延々となされてきた．この努力が失敗に終わったことから逆に新しい幾何学「非 Euclid 幾何学」が生まれた．つまり，平行線公理を含まずに幾何学の体系が構築できることが明らかにされたのである．本書が対象とするのはこの非 Euclid 幾何学であり，その微分構造を主軸に解説していく．ここでは，その概略を述べて，全体像をつかんでもらおう．

非 Euclid 幾何学の代表例は，球面上の幾何学である．ベクトルの「平行移動」を次のように考えよう．2 次元球面上の点 $\boldsymbol{r}$ における接ベクトル $\boldsymbol{a}(\boldsymbol{r})$ は，常にその接平面上に存在する．この接平面は点 $\boldsymbol{r}$ ごとに異なることに注意しよう．$\boldsymbol{r}$ から微小距離だけ離れたやはり球面上の点 $\boldsymbol{r}+d\boldsymbol{r}$ へベクトルを平行移動することを考える．3 次元空間におけるベクトルの平行移動はその始点を動かすことに対応するので，そのまま $\boldsymbol{a}(\boldsymbol{r})$ をもってゆくと，一般には $\boldsymbol{r}+d\boldsymbol{r}$ における接平面からはみ出すことになる．そこで $\boldsymbol{a}(\boldsymbol{r})$ をこの接平面に射影したものを新しい点における平行移動されたベクトルと定義することにしよう．その例が図 0.1(a) に示してある．赤道上にある北を向いたベクトルを経線に沿って平行移動していくと，北極では最初の向きとは垂直になっている．さらに不思議なことに，このベクトルを赤道に沿って $\pi/2$ の角度だけ平行移動した後，北極に向かうと，結果として先の場合と $\pi/2$ だけ異なる角度を向くことになる (図 0.1(b))．このことは言い換えると，図 0.1(c) のように球面上の三角形に沿ってベクトルを平行移動してもとに戻ってくると，最初の方向と $\pi/2$ だけ角度がずれているとも表現できる．また，この三角形の内角の和は $\pi/2$ の 3 倍なので $3\pi/2$ となり，平面上のその値 π より

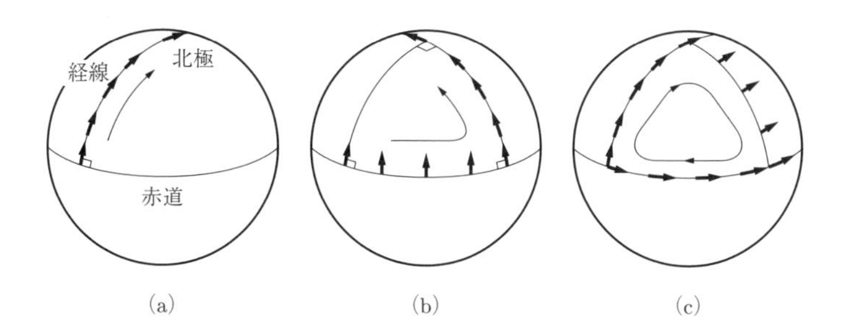

図 0.1　球面上におけるベクトルの平行移動

も $\pi/2$ だけ大きくなっている．このずれ $\pi/2$ は三角形が囲む球面上の立体角，つまり 4π の 1/8 に等しい．三角形の内角の和が π になることは実は平行線の公理と等価であることが知られているので，球面上の幾何学は非 Euclid 幾何学ということになる．立体角は，曲面の曲率 (球面の場合は一定値) を三角形にわたって積分したものであり，曲面の微分構造を積分することで大局的な性質が得られるという 2.2.13 項で述べる Gauss-Bonnet (ガウス・ボンネ) の定理のもっとも簡単な場合になっている．

さて，球面がゴムでできた中空のボールだとしよう．このゴムを切ったり貼ったりせずに変形しても，図 0.2 のようにトーラスには移れないことがわかる．このように図形を，連続変形によって移り変われるグループに分類しようというのがトポロジーである．一般の曲面についてその分類を完成するのは難しいが，閉じた向き付け可能な 2 次元曲面では，Euler (オイラー) 数というもので完全に分類できることが知られている．球面を変形すると，立方体になることがわかるが，その面の数 f, 辺の数 e，頂点の数 v はそれぞれ $f=6$，$e=12$，$v=8$ として $\chi = v - e + f$ という組合せをつくると 2 という数になる．この組合せが Euler 数

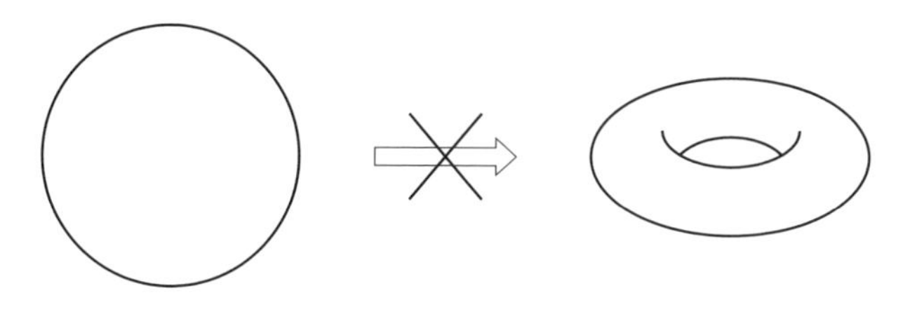

図 0.2　連続変形により移り変われない図形：球とトーラス

とよばれるもので，球面をどのように多角形に変形しても不変に保たれる数である．このことを感覚的に理解するためには，1つの四角形を対角線上に辺をつくって2つの三角形にすることを考えればよい．この場合，v は変わらず，f と e は1だけ増えるので χ は変化しない．さらに三角形の1つの頂点から対辺に向かって新しく辺を加えると，e は2，v は1，f は1増えるがやはり χ は変わらないことがわかる．このことから，Euler 数は球面を多角形で分割する仕方に依らないことが理解できるであろう．一方，トーラスを連続変形で角張った図形にすると Euler 数が0となることがわかる．つまり Euler 数が異なることが，両者が連続変形によって移り変われないことを数学的に表現しており，このような整数を一般に位相不変量，あるいはトポロジカル数とよんでいる．つまり，整数が変化するためには不連続なジャンプしかないので，連続的な変化によっては位相不変量は変化しないということである．Euler 数は閉曲面の種数（ジーナス）g と $\chi = 2(1-g)$ の関係で結ばれていることが知られている．球面では $g=0$，トーラスでは $g=1$ なのでそれぞれ $\chi = 2$，$\chi = 0$ を与えるというわけである．さらにいえば，上で述べた曲率の閉曲面にわたる積分が Euler 数を与えており，微分構造と図形の大域的な性質が結びついている．本書が対象とする微分幾何学とトポロジーは以上述べてきたことを一般化したものだと思っても差し支えない．

さて，以上の話は3次元空間という Euclid 空間の中の曲面を考えてきたが，曲面上だけに限って幾何学を構成したほうが，より理論が整合性をもち，かつ応用の範囲が広がる．そこで登場するのが多様体という概念である．多様体は，一言でいえば，「局所的には n 次元の Euclid 空間とみなせる図形」である．球面は局所的には2次元平面とみなせるので2次元多様体である．「高次元の Euclid 空間に埋め込まれた」という考えを捨てるならば，接ベクトルを多様体の言葉だけで定義する必要が生じる．この問題に対して数学者が出した答えは，「微分演算子を接ベクトルと考え，その線形空間 T_p を多様体上の各点 p において定義する」というものである．この接ベクトルを「反変ベクトル」とよぶ．さらにその双対空間として T_p^* を考え，その空間のベクトルとして微分形式を定義する．この双対空間のベクトルを「共変ベクトル」とよぶ．反変ベクトルや共変ベクトルを用いてその直積空間を考えることでテンソルを定義することができる．具体的には多様体の座標を $x = (x^1, x^2, \ldots, x^n)$ とすると接ベクトルは $\boldsymbol{V} = \sum_{i=1}^{n} a_i \frac{\partial}{\partial x^i}$，微分形式は $\omega = \sum_{i=1}^{n} b_i dx^i$ と書ける．この微分形式は関数 f の微小変化分 $df = \sum_{i=1}^{n} \frac{\partial f}{\partial x^i} dx^i$

を一般化したものであると考えてよい．

ここで断っておきたいのは，高次元 Euclid 空間の中では，平行だとか距離だとかという概念が自然に定義されていたことである．これらは多様体においては決して自明ではなく，構造として与えていく必要が生じるのであるが，ここに豊富な自由度が生まれるともいえる．まず「平行移動」の概念すら導入しない段階で，「微分構造」を定義することから始めよう．これが Lie (リー) 微分の概念である．ここでは接ベクトル場 $V(x)$ を積分することで定まる曲線に沿ってのベクトル場の移動 (Lie 移動) が平行移動の代わりをする．Lie 移動によってベクトルを動かせば，同じ点でベクトルを比較することができるので，ベクトル場 W の微分 $\mathcal{L}_V(W)$ を定義できる．後は Leibniz (ライプニッツ) 則を用いて微分形式や一般にはテンソルの微分を定義すればよい．ここで，複数のベクトル場の積分曲線によってそれ自身も多様体である多様体の部分空間を構成できるかという問題が生じるが，これは連立 1 次微分方程式の積分の問題と等価である．これに対する答えが Frobenius (フロベニウス) の定理とよばれるもので，これをベクトル場の言葉および微分形式の言葉の双方で書くことができる．また，多様体に群の積構造が入ったときにはさらに豊富な内容が生じるが，これが Lie 群，Lie 代数のテーマである．

さらに進んで多様体に「平行移動」の構造を導入することができる．平行移動は「接続」を表す係数 Γ^k_{ij} を用いて，接ベクトル空間の基底の変化を $d\boldsymbol{e}_i = \sum_{j,k} \Gamma^k_{ij} dx^j \boldsymbol{e}_k$ と書くことで定義される．これをアフィン接続とよぶ (ここで和の記号 $\sum_{j,k}$ を書いたが，2 つ現れる指標に関しては和をとるものと約束してこれを省略して $d\boldsymbol{e}_i = \Gamma^k_{ij} dx^j \boldsymbol{e}_k$ と記すことがよく行われる．これを Einstein (アインシュタイン) の縮約記法とよぶが，本書でも誤解をまねく危険がない場合にはこれを使う)．アフィン接続が定義されれば，ベクトルの平行移動によって微分 (これを共変微分とよぶ) を定義できる．上の Lie 微分と共変微分の間を関係付けることができるが，両者は似てはいるが異なる概念であることに注意してほしい．ベクトルがループに沿って平行移動してもとの位置に戻ってくると，一般には最初のものとは異なるベクトルに変化しており，それがループが囲む面にわたるテンソル量である曲率の積分で書けることになる．曲率テンソルは Γ^k_{ij} およびその微分で書ける．

さらに距離の概念を導入することは，2 つのベクトルの間の内積を $g_{ij} = (V_i, V_j)$ と書いて 2 階の共変テンソル g_{ij} (計量テンソル) を定義することで達成できる．

このテンソルの共変微分がゼロ，つまり平行移動に対して不変であるという条件を課すと，先の接続係数 Γ^k_{ij} および曲率テンソルも g_{ij} を用いて表現することができる．こうして計量テンソルをもっとも基本的な量として，曲面の微分幾何学が再現される．この計量テンソルは，重力の理論である一般相対性理論においても時空を記述する基本的な役割を果たしている．距離の概念はラプラシアンと調和形式という美しい構造をもたらし，Hodge (ホッジ) 分解という重要な結果をもたらす．

さて，Euler 数のところで述べたように 3 次元中の図形は頂点，辺，面から成っている．これを高次元にも使えるように拡張したものを単体とよび，一般の多様体をこれらの部品に分解する組合せ的な方法が考えられる．これがホモロジーとよばれる分野であるが，さらにその双対として微分形式に関係した群であるコホモロジーが定義される．微分形式を図形にわたって積分することで両者の間の「内積」が定義できる．その際，ホモロジーではある図形から，その境界を取り出すという演算子 ∂ が，コホモロジーでは微分形式の外微分 d という演算が存在するが，これらが一般化された Stokes (ストークス) の定理によって関係付けられる．また，この「内積」によってホモロジー，コホモロジーの群の次元が一致することが示せることが，上に述べた Gauss-Bonnet の定理に対応する．これを一般的に示すのが de Rham (ド・ラーム) の定理であり，微分形式が大局的なトポロジーの情報を与えることを意味している．

ここまでの多様体の議論では，接ベクトルの空間とその双対空間としての微分形式の空間が重要な役割を果たしてきた．異なる点の接空間は，図 0.3 に示すように重なり合ってしまい見にくいだけでなく，その重なりには意味がない．そこで便利な表示方法として，各点に「垂直」にベクトル空間を考えることにしよう．つまり多様体 M を底空間として，その各点に「突き刺さった」ファイバー F として接空間 T_p を考えようというわけである．この両者を合わせたものをファイ

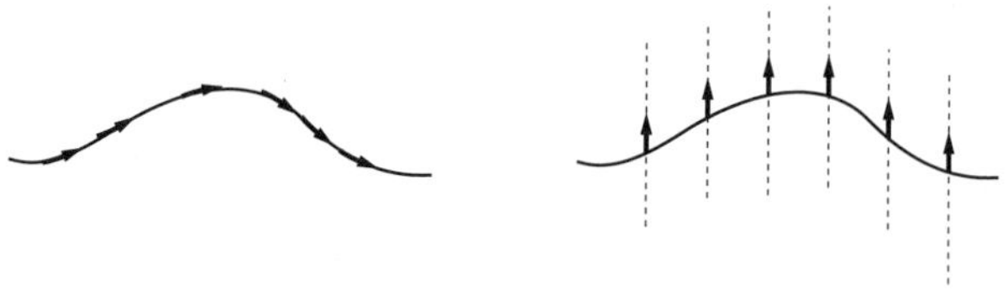

図 0.3　ファイバー束の考え方

バー束 (バンドル) とよび E と書こう．M の次元を n とすると E の次元は $2n$ となる．ファイバーとしては，この接空間のほかに，その双対空間 T_p^*，さらにもっと一般にテンソルを考えることができる．もっとも単純な場合は，E が M と F の直積の形に書けている自明なファイバー束であるが，一般には「ねじれ」が存在する．それを特徴付けるために，隣り合ったファイバー間の関係を付ける「接続」という概念が導入される．この接続，およびそれから定義される「曲率」を用いて底空間 M のコホモロジー群である特性類が定義されるが，一方でこの特性類は接続の選び方に依らないファイバーの位相的性質のみに依っていることがわかる．再び Gauss-Bonnet の定理の思想に出会うことになる．

この思想はさらに多くの方向で発展している．多様体上で定義された偏微分方程式のゼロ固有値の数という解析的指数と Euler 数に代表される位相不変量の間に関係を付けるのが指数定理である．また，多様体の臨界点の情報だけで Euler 数が決定されてしまうことを示すのが Morse (モース) 理論である．そしてこの 2 つは超対称量子力学という物理学の分野において関係付けられる．

以上を見ればわかるように，代数学と幾何学は微分構造を介して密接に結びついているが，ホモロジー，コホモロジーとは少し観点が異なる図形の研究方法としてホモトピーというものがある．ホモトピーは写像を考えたときに，連続的な変形でつながる写像を 1 つのグループとして同値関係を定義し，可能なグループを群論などの代数的手法で調べようとする分野である．例えば，物理の問題で空間座標 $\boldsymbol{r}$ の関数として秩序変数 $\boldsymbol{f}(\boldsymbol{r})$ が定義されることが多い．これを実空間から秩序変数の空間への写像と捉えたときに，このホモトピーによる分類が威力を発揮する．特に Lie 群にもとづいた解析がここでは有効である．

以上が，本書で述べる内容の概要であるが，トポロジーのもっとも深遠な定理とよばれる Thom (トム) の定理を中心としたカタストロフィー理論の初歩を最後に加えた．本書は工学教程数学分野の 1 冊であるが，筆者は数学の専門家ではなく，理論物理を専門としていることもあり，厳密性よりも直観的な理解や，定理の実際の応用のほうに重点をおいた記述を行った．つづく 1 章では，微分幾何学の基本的な道具である微分形式をまず導入する．これは反対称テンソルのことであるが，通常のテンソル解析よりもずっと簡潔に理論をつくるためのなくてはならない武器である．2 章では，直観がはたらきやすい曲線と曲面の微分幾何学を議論する．上に述べたように，基本的なアイデアはすべてこの章に萌芽を見ることができるといっても過言ではない．3 章では，図形の一般化である多様体を導入し，その接空間，双対空間を詳しく調べる．Lie 微分，Lie 群，Lie 代数といった概念が導入された後，これらの微分構造に接続や計量が付け加えられることで多様体の構造が豊富になっていく様子を記述する．4 章は，多様体にわたる微分形式の積分を定義し，Stokes の定理を一般化する．5 章では，4 章の結果にもとづき，その多様体の大域的性質を調べるホモロジーとコホモロジーについて述べ，代数学と微分構造の密接な関係を学ぶ．6 章では，底空間とファイバーの複合体であるファイバー束とその大域的な性質を特徴付ける特性類について学ぶ．7 章では，量子力学でも重要な役割を演じている指数定理と Morse 理論について解説する．8 章では，幾何学におけるもう 1 つの代数的手法であるホモトピー理論を，固体物理学からの例を引きながら，基本群を中心にその初歩的な内容について述べ，最後の 9 章ではカタストロフィー理論へ招待する．

1 微 分 形 式

1.1 p ベ ク ト ル

ベクトル空間とは，実数や複素数など加減乗除が普通に行われる集合である体との積，および元の間の和が定義された空間のことをさし，その元をベクトルとよぶ．N 次元の ベクトル空間 V の任意の元 $\boldsymbol{v}$ は N 個の基底ベクトルの組 $\{\boldsymbol{e}_1, \ldots, \boldsymbol{e}_N\}$ の線形結合として

$$\boldsymbol{v} = \sum_{i=1}^{N} v_i \boldsymbol{e}_i$$

と表現される．ここで v_i は体の元である．

次にテンソル積の概念を導入する．N 次元のベクトル空間 V と M 次元のベクトル空間 W を考え，それぞれの基底を $\{\boldsymbol{e}_1, \ldots, \boldsymbol{e}_N\}, \{\boldsymbol{f}_1, \ldots, \boldsymbol{f}_M\}$ とする．また，体 K は共通とする．このとき，$\boldsymbol{e}_i$ と $\boldsymbol{f}_j$ の 2 つから成る $(\boldsymbol{e}_i, \boldsymbol{f}_j)$ を NM 次元のベクトル空間の基底と考え，その空間の元を

$$\sum_{i=1}^{N} \sum_{j=1}^{M} c_{ij} (\boldsymbol{e}_i, \boldsymbol{f}_j) \tag{1.1}$$

と線形結合で定義する．$(\boldsymbol{e}_i, \boldsymbol{f}_j)$ を $\boldsymbol{e}_i \otimes \boldsymbol{f}_j$ と書くことにし，この元の集合がなすベクトル空間を $V \otimes W$ と書く．これが空間 V と W のテンソル積とよばれるものである．

さらに，$V = W = L$ と同一のベクトル空間の場合には，L の 2 つの元 α，β のテンソル積は $\alpha = \sum\limits_{i=1}^{N} \alpha_i \boldsymbol{e}_i$，$\beta = \sum\limits_{i=1}^{N} \beta_i \boldsymbol{e}_i$ と書いたとき

$$\alpha \otimes \beta = \sum_{i,j=1}^{N} \alpha_i \beta_j \boldsymbol{e}_i \otimes \boldsymbol{e}_j$$

で与えられる．

さらに，このテンソル積を反対称化したものを α と β の 外積とよび，

$$\alpha \wedge \beta = \alpha \otimes \beta - \beta \otimes \alpha \tag{1.2}$$

で定義される．この外積の線形結合

$$\sum_i a_i(\alpha_i \wedge \beta_i) \quad (a_i \text{ は実係数}) \tag{1.3}$$

を元とするベクトル空間を $\bigwedge^2 L$ と書き，これを L 上の 2 ベクトルの空間とよぶ．

この線形結合に対しては，次の法則が成立する：

$$(a_1\alpha_1 + a_2\alpha_2) \wedge \beta = a_1(\alpha_1 \wedge \beta) + a_2(\alpha_2 \wedge \beta), \tag{1.4}$$

$$\alpha \wedge (b_1\beta_1 + b_2\beta_2) = b_1(\alpha \wedge \beta_1) + b_2(\alpha \wedge \beta_2), \tag{1.5}$$

$$\alpha \wedge \alpha = 0, \tag{1.6}$$

$$\alpha \wedge \beta = -\beta \wedge \alpha. \tag{1.7}$$

これを一般化して p 次のベクトル，p ベクトルを

$$\alpha_1 \wedge \alpha_2 \wedge \cdots \wedge \alpha_p = \sum_{P \in \mathfrak{S}_p} (-1)^P \alpha_{P(1)} \otimes \alpha_{P(2)} \otimes \cdots \otimes \alpha_{P(p)} \tag{1.8}$$

で定義し，これを元とするベクトル空間 $\bigwedge^p L$ を L 上の p ベクトル空間という．ここで $\sum_{P \in \mathfrak{S}_p}$ は，p 個の数を並び換える置換群 $\mathfrak{S}_p$ の元にわたる和をとる．$(-1)^P$ は P が偶置換のとき $+1$，奇置換のときに -1 の値をとる．

n 次元ベクトル空間 L の基底を少し抽象的に

$$\{\sigma_1, \sigma_2, \ldots, \sigma_n\} \tag{1.9}$$

と書こう．例えば Euclid (ユークリッド) 空間の場合は，直交する n 個の単位ベクトル

$$\begin{aligned} \boldsymbol{e}_1 &= (1, 0, \ldots, 0), \\ \boldsymbol{e}_2 &= (0, 1, \ldots, 0), \\ &\vdots \\ \boldsymbol{e}_n &= (0, \ldots, 0, 1) \end{aligned} \tag{1.10}$$

が基底となる．

次に p ベクトルの基底を構成することを考える．n 次元ベクトル空間 L の基底 (1.9) から

$$\sigma_{i_1}, \sigma_{i_2}, \ldots, \sigma_{i_p} \quad (i_1 < i_2 < \cdots < i_p) \tag{1.11}$$

を選んで

$$\sigma_{i_1} \wedge \sigma_{i_2} \wedge \cdots \wedge \sigma_{i_p} \tag{1.12}$$

をつくった全体が p ベクトル空間の基底を張る．基底ベクトルの数，つまり p ベクトル空間 $\bigwedge^p L$ の次元は，これより

$$_nC_p = \frac{n!}{p!(n-p)!} \tag{1.13}$$

である．$\alpha \in \bigwedge^p L$ は，

$$\alpha = \sum_{i_1 < i_2 < \cdots < i_p} \alpha_{i_1 i_2 \ldots i_p}\ \sigma_{i_1} \wedge \sigma_{i_2} \wedge \cdots \wedge \sigma_{i_p} \tag{1.14}$$

と基底により展開できる．

1.2　p ベクトルの外積

μ を p ベクトル，ν を q ベクトルとしたとき，$p+q \leq n$ に対して外積

$$\wedge : \bigwedge^p L \times \bigwedge^q L \to \bigwedge^{p+q} L \tag{1.15}$$

を次のように定義する．

$$\mu = \sum_{i_1 < i_2 < \cdots < i_p} \alpha_{i_1 \ldots i_p} \sigma_{i_1} \wedge \sigma_{i_2} \wedge \cdots \wedge \sigma_{i_p}, \tag{1.16}$$

$$\nu = \sum_{j_1 < j_2 < \cdots < j_q} \beta_{j_1 \ldots j_q} \sigma_{j_1} \wedge \sigma_{j_2} \wedge \cdots \wedge \sigma_{j_q} \tag{1.17}$$

に対して

$$\mu \wedge \nu = \sum \alpha_{i_1 \ldots i_p} \beta_{j_1 \ldots j_q} \sigma_{i_1} \wedge \cdots \wedge \sigma_{i_p} \wedge \sigma_{j_1} \wedge \cdots \wedge \sigma_{j_q} \tag{1.18}$$

とする．ただし性質 (1.6) より実質的には $i_1, \ldots, i_p, j_1, \ldots, j_q$ の中には等しいものがない項のみが寄与する．

例 1.1　$n = 3, p = q = 1$ の場合について考えよう．

$$\mu = \sum_{i=1}^{3} \alpha_i \sigma_i, \quad \nu = \sum_{j=1}^{3} \beta_j \sigma_j \tag{1.19}$$

とおくと，両者の外積 $\mu \wedge \nu$ は，

$$\begin{aligned}\mu \wedge \nu &= (\alpha_1\sigma_1 + \alpha_2\sigma_2 + \alpha_3\sigma_3) \wedge (\beta_1\sigma_1 + \beta_2\sigma_2 + \beta_3\sigma_3) \\ &= (\alpha_1\beta_2 - \alpha_2\beta_1)\sigma_1 \wedge \sigma_2 + (\alpha_2\beta_3 - \alpha_3\beta_2)\sigma_2 \wedge \sigma_3 + (\alpha_3\beta_1 - \alpha_1\beta_3)\sigma_3 \wedge \sigma_1\end{aligned} \tag{1.20}$$

となる．これは，

$$\begin{aligned}\mu &\longleftrightarrow \boldsymbol{\alpha} = (\alpha_1, \alpha_2, \alpha_3), \\ \nu &\longleftrightarrow \boldsymbol{\beta} = (\beta_1, \beta_2, \beta_3)\end{aligned} \tag{1.21}$$

という対応で，その基底ベクトルは，

$$\sigma_1, \sigma_2, \sigma_3 \longleftrightarrow \boldsymbol{e}_1, \boldsymbol{e}_2, \boldsymbol{e}_3 \tag{1.22}$$

で与えられる．これより

$$\sigma_1 \wedge \sigma_2,\ \sigma_2 \wedge \sigma_3,\ \sigma_3 \wedge \sigma_1 \longleftrightarrow \boldsymbol{e}_1 \times \boldsymbol{e}_2 = \boldsymbol{e}_3,\ \boldsymbol{e}_2 \times \boldsymbol{e}_3 = \boldsymbol{e}_1,\ \boldsymbol{e}_3 \times \boldsymbol{e}_1 = \boldsymbol{e}_2 \tag{1.23}$$

とおくと，$\mu \wedge \nu$ はベクトルの外積

$$\boldsymbol{\alpha} \times \boldsymbol{\beta} = (\alpha_2\beta_3 - \alpha_3\beta_2,\ \alpha_3\beta_1 - \alpha_1\beta_3,\ \alpha_1\beta_2 - \alpha_2\beta_1) \tag{1.24}$$

と対応している．　◁

例 1.2　$n = 3,\ p = 2,\ q = 1$ の場合について考える．

$$\begin{aligned}\mu &= \sum_{i_1<i_2} \alpha_{i_1 i_2}\sigma_{i_1} \wedge \sigma_{i_2} = \alpha_{12}\sigma_1 \wedge \sigma_2 + \alpha_{13}\sigma_1 \wedge \sigma_3 + \alpha_{23}\sigma_2 \wedge \sigma_3 \\ &\equiv a_3\sigma_1 \wedge \sigma_2 + a_1\sigma_2 \wedge \sigma_3 + a_2\sigma_3 \wedge \sigma_1, \\ &\quad (a_1 = \alpha_{23}, a_2 = -\alpha_{13}, a_3 = \alpha_{12}) \\ \nu &= \sum_j \beta_j\sigma_j = \beta_1\sigma_1 + \beta_2\sigma_2 + \beta_3\sigma_3,\end{aligned} \tag{1.25}$$

に対して

$$\begin{aligned}\mu \wedge \nu &= (a_1\sigma_2 \wedge \sigma_3 + a_2\sigma_3 \wedge \sigma_1 + a_3\sigma_1 \wedge \sigma_2) \wedge (\beta_1\sigma_1 + \beta_2\sigma_2 + \beta_3\sigma_3) \\ &= (a_1\beta_1 + a_2\beta_2 + a_3\beta_3)(\sigma_1 \wedge \sigma_2 \wedge \sigma_3)\end{aligned} \tag{1.26}$$

となる．2つのベクトル $\boldsymbol{a}=(a_1,a_2,a_3)$，$\boldsymbol{\beta}=(\beta_1,\beta_2,\beta_3)$ を考えると，内積 $(\boldsymbol{a}\cdot\boldsymbol{\beta})$ を用いて

$$\mu\wedge\nu=(\boldsymbol{a}\cdot\boldsymbol{\beta})(\sigma_1\wedge\sigma_2\wedge\sigma_3) \tag{1.27}$$

と書ける． ◁

以上の定義から以下の性質は明らかである．L の次元を n，$\mu\in\bigwedge^p L,\nu\in\bigwedge^q L$ として

(i) $p+q>n$ のとき $\mu\wedge\nu=0$

(ii) $(\mu_1+\mu_2)\wedge\nu=\mu_1\wedge\nu+\mu_2\wedge\nu$ (分配則)

(iii) $\lambda\wedge(\mu\wedge\nu)=(\lambda\wedge\mu)\wedge\nu$ (結合則)

(iv) $\mu\wedge\nu=(-1)^{pq}\nu\wedge\mu$

が成り立つ．

例 1.3 n 次元の行列 A，n 個の n 次元ベクトル $\alpha_1,\ldots,\alpha_n$ に対して

$$A\alpha_1\wedge A\alpha_2\wedge A\alpha_3\cdots\wedge A\alpha_n=(\det A)\alpha_1\wedge\alpha_2\cdots\wedge\alpha_n \tag{1.28}$$

が導かれる． ◁

1.3 微 分 形 式

n 次元 Euclid 空間 $\mathbb{R}^n$ の点 $\boldsymbol{x}$ における次の1次微分形式を考える．

$$\sum_{i=1}^{n}a_i(\boldsymbol{x})dx^i \tag{1.29}$$

$d\boldsymbol{x}=(dx^1,\ldots,dx^n)$ は座標 $\boldsymbol{x}$ の微小変化分，1次微分形式は，n 次元線形空間 L をつくる．$dx^1,\ldots,dx^n$ は基底とみなせる．1.1節の p ベクトルに対応して，

$$\sum_{i_1<i_2<\cdots<i_p}a_{i_1i_2\ldots i_p}(\boldsymbol{x})dx^{i_1}\wedge dx^{i_2}\wedge\cdots\wedge dx^{i_p} \tag{1.30}$$

を点 $\boldsymbol{x}$ における p 次微分形式，または p 形式とよぶ．

例 1.4 $n=3$ に対しては，次の微分形式が定義される．

0 形式　関数 $f(x,y,z)$
1 形式　$\omega = Pdx + Qdy + Rdz$
2 形式　$\alpha = Ady \wedge dz + Bdz \wedge dx + Cdx \wedge dy$
3 形式　$\beta = Ddx \wedge dy \wedge dz$

後の 3.2 節で多様体の接ベクトル空間とその双対空間を定義するが，そこでは dx^j は接ベクトルの基底 $\boldsymbol{e}_j$ の転置ベクトル ${}^t\boldsymbol{e}_j$ と対応する．◁

1.4 外　微　分

p 形式を $(p+1)$ 形式に写す線形写像である外微分 d を次の性質を満たす作用素として定義する．

(i)　$d(\mu + \nu) = d\mu + d\nu$

(ii)　μ を p 形式として，$d(\mu \wedge \nu) = d\mu \wedge \nu + (-1)^p \mu \wedge d\nu$

(iii)　$d(d\mu) = 0$

(iv)　微分可能な関数 f に対して，$df = \sum_i \frac{\partial f}{\partial x^i} dx^i$

例 1.5　関数 f に対しては

$$d(df) = d\left[\sum_i \frac{\partial f}{\partial x^i} dx^i\right] = \sum_i \left[d\left(\frac{\partial f}{\partial x^i}\right) \wedge dx^i + \frac{\partial f}{\partial x^i} d(dx^i)\right] = \sum_{i,j} \frac{\partial^2 f}{\partial x^j \partial x^i} dx^j \wedge dx^i$$
$$= 0 \tag{1.31}$$

を確かめることができる．ここで $d(dx^i) = 0$ と $\frac{\partial^2 f}{\partial x^j \partial x^i} = \frac{\partial^2 f}{\partial x^i \partial x^j}$ を使った．◁

例 1.6　$n = 3$ の場合の 1 形式の外微分を考えよう．

$$\mu = A_x dx + A_y dy + A_z dz \tag{1.32}$$

に対して，(i)，(ii) と (iv) を使うと，

$$d\mu = \left(\frac{\partial A_x}{\partial x} dx + \frac{\partial A_x}{\partial y} dy + \frac{\partial A_x}{\partial z} dz\right) \wedge dx + A_x d(dx)$$
$$+ \left(\frac{\partial A_y}{\partial x} dx + \frac{\partial A_y}{\partial y} dy + \frac{\partial A_y}{\partial z} dz\right) \wedge dy + A_y d(dy)$$

$$+\left(\frac{\partial A_z}{\partial x}dx+\frac{\partial A_z}{\partial y}dy+\frac{\partial A_z}{\partial z}dz\right)\wedge dz+A_z d(dz)$$

外積の定義の (iv) および外微分の定義の (iii) より，$dx\wedge dx$ および $d(dx)$ などは消えて，再び外積の定義の (iv) を使い

$$\begin{aligned}&=\left(\frac{\partial A_z}{\partial y}-\frac{\partial A_y}{\partial z}\right)dy\wedge dz+\left(\frac{\partial A_x}{\partial z}-\frac{\partial A_z}{\partial x}\right)dz\wedge dx\\&\quad+\left(\frac{\partial A_y}{\partial x}-\frac{\partial A_x}{\partial y}\right)dx\wedge dy\\&\equiv B_x dy\wedge dz+B_y dz\wedge dx+B_z dx\wedge dy\end{aligned}\tag{1.33}$$

となる．回転 $\nabla\times\boldsymbol{A}$ を用いて，$\boldsymbol{B}=(B_x,B_y,B_z)$ は

$$\boldsymbol{B}=\nabla\times\boldsymbol{A}\tag{1.34}$$

と表される． ◁

例 1.7 $n=3, p=2$ の場合．

$$\nu=B_x dy\wedge dz+B_y dz\wedge dx+B_z dx\wedge dy\tag{1.35}$$

に対しては

$$\begin{aligned}d\nu&=\left(\frac{\partial B_x}{\partial x}dx+\frac{\partial B_x}{\partial y}dy+\frac{\partial B_x}{\partial z}dz\right)\wedge(dy\wedge dz)\\&\quad+\left(\frac{\partial B_y}{\partial x}dx+\frac{\partial B_y}{\partial y}dy+\frac{\partial B_y}{\partial z}dz\right)\wedge(dz\wedge dx)\\&\quad+\left(\frac{\partial B_z}{\partial x}dx+\frac{\partial B_z}{\partial y}dy+\frac{\partial B_z}{\partial z}dz\right)\wedge(dx\wedge dy)\\&=\left(\frac{\partial B_x}{\partial x}+\frac{\partial B_y}{\partial y}+\frac{\partial B_z}{\partial z}\right)(dx\wedge dy\wedge dz)\\&=\nabla\cdot\boldsymbol{B}dx\wedge dy\wedge dz\end{aligned}\tag{1.36}$$

となる．ここで，$\nabla\cdot\boldsymbol{B}$ はベクトル $\boldsymbol{B}$ の発散である． ◁

例 1.8 例 1.7 の $\boldsymbol{B}$ として例 1.6 の $\boldsymbol{A}$ からつくったものを考えると，$d\nu=d(d\mu)=0$ は $\nabla\cdot(\nabla\times\boldsymbol{A})=0$ を意味し，ベクトル解析の関係式を再現している． ◁

1.5 微分形式の変換

いま，微分可能な写像 $\phi : U \to V$ を考えたとき，$x \in U$ に対して $y = \phi(x)$ とする．このとき V 上の p 形式の集合 $A^p(V)$ から U 上の p 形式の集合 $A^p(U)$ への可微分写像 $\phi^* : A^p(V) \to A^p(U)$ を次のように定義できる (これを引き戻し (pull-back) とよぶ).

$y = (y^1, \dots, y^n) \in V$ に対して p 形式 ω を

$$\omega = \sum_{i_1 < \cdots < i_p} b_{i_1 \dots i_p}(y) dy^{i_1} \wedge \cdots \wedge dy^{i_p} \in A^p(V) \tag{1.37}$$

と書いたとき，$\phi^* \omega$ を

$$\phi^* \omega = \sum_{i_1 < \cdots < i_p} \sum_{j_1 \dots j_p} b_{i_1 \dots i_p}(\phi(x)) \frac{\partial y^{i_1}}{\partial x^{j_1}} \cdots \frac{\partial y^{i_p}}{\partial x^{j_p}} dx^{j_1} \wedge \cdots \wedge dx^{j_p} \tag{1.38}$$

で与える．つまり，x から y へ自然な変数変換を行うということである．このとき，外微分 d と ϕ^* は交換可能である，つまり

$$d(\phi^* \omega) = \phi^*(d\omega) \tag{1.39}$$

が成立する．

(証明) 式 (1.39) を p に関する帰納法で証明する．

$p = 0$ の場合，$\omega = g(y)$ (関数) なので，$\phi^* g(x) = g(\phi(x))$，よって，$d\left(\phi^* g\right)(x) = d\left(g(\phi(x)\right) = \frac{\partial g}{\partial y^j} \frac{\partial \phi^j(x)}{\partial x^i} dx^i$ となる．一方 $dg = \frac{\partial g}{\partial y^j} dy^j$ で $\phi^*(dg) = \frac{\partial g(\phi(x))}{\partial y^j} \frac{\partial \phi^j}{\partial x^i} dx^i$ なので $d(\phi^* g) = \phi^*(dg)$ が成立する．

$(p-1)$ 形式に対して，成立しているとする．任意の p 形式は単項式の和だから，単項式 ω，つまり $\omega = g d\eta$ (η は $(p-1)$ 形式，g は関数) に対して示せればよい．ここで

$$\begin{aligned} \eta &= y^{h_1} dy^{h_2} \wedge \cdots \wedge dy^{h_p}, \\ d\eta &= dy^{h_1} \wedge \cdots \wedge dy^{h_p} \equiv dy^H \end{aligned} \tag{1.40}$$

である．$d\omega = dg \wedge d\eta$ なので $\phi^*(d\omega) = (\phi^* dg) \wedge (\phi^* d\eta) = d(\phi^* g) \wedge d(\phi^* \eta)$ となるが，一方 $\phi^* \omega = (\phi^* g)(\phi^* d\eta) = (\phi^* g) d(\phi^* \eta)$ となる．よって $d(\phi^* \omega) = d(\phi^* g) \wedge d(\phi^* \eta)$ となり，これは $\phi^*(d\omega)$ と一致する． ■

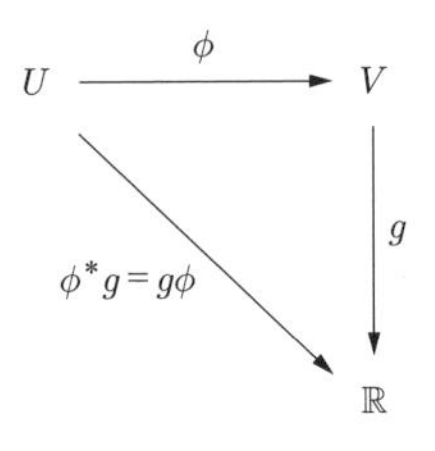

図 1.1　U から V への写像 ϕ によるスカラー関数 $g \in A^0(V)$ から $\phi^* g \in A^0(U)$ への変換

これをスカラー関数 $g \in A^0(V)$ に対して図に示したのが図 1.1 である．ここでは $g \in A^0(V)$ から $\phi^* g \in A^0(U)$ へ変換が行われる．この図から，変換が「引き戻し」とよばれることも納得できるであろう．

1.6　完全形式と閉形式

p 形式 μ は，$\mu = d\nu$ となるような $(p-1)$ 形式 ν をもつときに，完全形式であるという．また，$d\mu = 0$ である μ を閉形式とよぶ．$d\mu = d(d\nu) = 0$ より，完全形式は閉形式であることがわかる．しかし，その逆は一般には成り立たない．

例えば例 1.8 を考えると 1 形式 $\nu = A_x dx + A_y dy + A_z dz$ に対して，

$$\mu = d\nu = (\nabla \times \boldsymbol{A})_x dy \wedge dz + (\nabla \times \boldsymbol{A})_y dz \wedge dx + (\nabla \times \boldsymbol{A})_z dx \wedge dy$$

(ここで $\boldsymbol{A} = (A_x, A_y, A_z)$) となるが

$$\begin{aligned} d\mu &= \left[\frac{\partial}{\partial x}(\nabla \times \boldsymbol{A})_x + \frac{\partial}{\partial y}(\nabla \times \boldsymbol{A})_y + \frac{\partial}{\partial z}(\nabla \times \boldsymbol{A})_z\right] dx \wedge dy \wedge dz \\ &= \nabla \cdot (\nabla \times \boldsymbol{A}) dx \wedge dy \wedge dz = 0. \end{aligned} \tag{1.41}$$

1.7　星 印 作 用 素

星印作用素を定義するために，まずベクトル空間における内積を定義しよう．n 次元ベクトル空間 L の 2 つの元 $\alpha, \beta \in L$ に対して，両者の内積 (α, β) を次の性質を満たすものとして定義する．

(i) 対称性：　$(\alpha,\beta)=(\beta,\alpha)$

(ii) 双線形性：　$(a_1\alpha_1+a_2\alpha_2,\beta)=a_1(\alpha_1,\beta)+a_2(\alpha_2,\beta)$

$(\alpha,b_1\beta_1+b_2\beta_2)=b_1(\alpha,\beta_1)+b_2(\alpha,\beta_2)$

(iii) すべての β に対して $(\alpha,\beta)=0$ ならば，$\alpha=0$

内積の定義を一般の p ベクトル $\mu=\alpha_1\wedge\cdots\wedge\alpha_p, \nu=\beta_1\wedge\cdots\wedge\beta_p$ に対して次のように拡張する：

$$(\mu,\nu)=\det\bigl((\alpha_i,\beta_j)\bigr). \tag{1.42}$$

$\bigl((\alpha_i,\beta_j)\bigr)$ は，ベクトル α_i と β_j の内積を (i,j) 要素とする行列を表す．

n 次元の Euclid 空間に対して定義された p 形式 $\mu(p\le n)$ に対して，$(n-p)$ 形式 $*\mu$ を任意の $\lambda\in\wedge^{n-p}L$ に対し次式が成り立つものとして定義する：

$$\mu\wedge\lambda=(*\mu,\lambda)\sigma. \tag{1.43}$$

ただし，$\sigma=\sigma^1\wedge\sigma^2\wedge\cdots\wedge\sigma^n$ とする．$\mu=\sigma^1\wedge\sigma^2\wedge\cdots\wedge\sigma^p$ に対して，$\lambda=\sigma^{p+1}\wedge\cdots\wedge\sigma^n$ ととると

$$\mu\wedge\lambda=(\sigma^1\wedge\sigma^2\wedge\cdots\wedge\sigma^p)\wedge(\sigma^{p+1}\wedge\cdots\wedge\sigma^n)=\sigma \tag{1.44}$$

ゆえに

$$*\mu=\sigma^{p+1}\wedge\cdots\wedge\sigma^n \tag{1.45}$$

となる．逆に $\lambda=\sigma^{p+1}\wedge\cdots\wedge\sigma^n$ に対して $*\lambda=(-1)^{p(n-p)}\sigma^1\wedge\cdots\wedge\sigma^p$ となる．

例 1.9　$n=3$ の場合．正規直交基底として $dx^1=dx, dx^2=dy, dx^3=dz$ をとると $(dx^i,dx^j)=\delta^{ij}$，$*dx^1=dx^2\wedge dx^3$, $*dx^2=dx^3\wedge dx^1$, $*dx^3=dx^1\wedge dx^2$ となる．これらの関係から

$$df=\frac{\partial f}{\partial x}dx+\frac{\partial f}{\partial y}dy+\frac{\partial f}{\partial z}dz \tag{1.46}$$

に対して，

$$*df=\frac{\partial f}{\partial x}(dy\wedge dz)+\frac{\partial f}{\partial y}(dz\wedge dx)+\frac{\partial f}{\partial z}(dx\wedge dy). \tag{1.47}$$

ここに，外微分を作用すると

$$\begin{aligned}d(*df) &= \left(\frac{\partial^2 f}{\partial x^2}dx + \frac{\partial^2 f}{\partial y \partial x}dy + \frac{\partial^2 f}{\partial z \partial x}dz\right) \wedge (dy \wedge dz) \\ &\quad + \left(\frac{\partial^2 f}{\partial x \partial y}dx + \frac{\partial^2 f}{\partial y^2}dy + \frac{\partial^2 f}{\partial z \partial y}dz\right) \wedge (dz \wedge dx) \\ &\quad + \left(\frac{\partial^2 f}{\partial x \partial z}dx + \frac{\partial^2 f}{\partial y \partial z}dy + \frac{\partial^2 f}{\partial z^2}dz\right) \wedge (dx \wedge dy) \\ &= \left(\frac{\partial^2 f}{\partial x^2} + \frac{\partial^2 f}{\partial y^2} + \frac{\partial^2 f}{\partial z^2}\right)(dx \wedge dy \wedge dz) \\ &= \nabla^2 f\, dx \wedge dy \wedge dz. \end{aligned} \tag{1.48}$$

ここで ∇^2 はラプラシアンである． ◁

1.8 Poincaré の補題 (Euclid 空間の場合)

式 (1.31) や (1.41) で議論した恒等式 $d^2 = 0$ は偏微分が順序に依らないということから導かれるが，これを Poincaré (ポアンカレ) の補題の逆とよぶ*1．ここでは，その逆が成立するかを考えよう．つまり，ある閉形式 ω $(d\omega = 0)$ が与えられたときに $\omega = d\eta$ となる η が存在するか，という問題である．この問題は，後に述べるコホモロジー理論の中心をなしているが，ここでは Euclid 空間に限って考える．ベクトル解析でよく知られた定理で，3 次元 Euclid 空間 $\mathbb{R}^3$ における

$$\nabla \times \boldsymbol{A}(\boldsymbol{r}) = \boldsymbol{0} \tag{1.49}$$

を満たせば，スカラー関数 $\phi(\boldsymbol{r})$ が存在して

$$\boldsymbol{A}(\boldsymbol{r}) = \nabla\phi(\boldsymbol{r}) \tag{1.50}$$

と書ける，というものがある．これを復習すると以下のようになる．

$$\phi(\boldsymbol{r}) = \int_0^1 \boldsymbol{r} \cdot \boldsymbol{A}(t\boldsymbol{r})dt \tag{1.51}$$

を定義すると，例えば

$$\begin{aligned}\frac{\partial\phi(\boldsymbol{r})}{\partial x} &= \int_0^1 \left[A_x(t\boldsymbol{r}) + t\boldsymbol{r} \cdot \frac{\partial \boldsymbol{A}(t\boldsymbol{r})}{\partial x}\right] dt \\ &= \int_0^1 \left[A_x(t\boldsymbol{r}) + tx\frac{\partial A_x(t\boldsymbol{r})}{\partial x} + ty\frac{\partial A_y(t\boldsymbol{r})}{\partial x} + tz\frac{\partial A_z(t\boldsymbol{r})}{\partial x}\right] dt \end{aligned} \tag{1.52}$$

*1 文献によっては (例えば[2],[3])，これを「Poincaré の補題」とよぶ流儀もあるが，本書では数学の通常の流儀に従った．

を得るが，ここで $\nabla \times \boldsymbol{A}(\boldsymbol{r}) = \boldsymbol{0}$ から，$\frac{\partial A_y}{\partial x} = \frac{\partial A_x}{\partial y}$，$\frac{\partial A_z}{\partial x} = \frac{\partial A_x}{\partial z}$ がいえるので上式は

$$
\begin{aligned}
&= \int_0^1 \left[A_x(t\boldsymbol{r}) + t \left(x\frac{\partial}{\partial x} + y\frac{\partial}{\partial y} + z\frac{\partial}{\partial z} \right) A_x(t\boldsymbol{r}) \right] dt \\
&= \int_0^1 \left[A_x(t\boldsymbol{r}) + t\frac{d}{dt} A_x(t\boldsymbol{r}) \right] dt \\
&= \int_0^1 \left[A_x(t\boldsymbol{r}) + \frac{d}{dt}\big(tA_x(t\boldsymbol{r})\big) - A_x(t\boldsymbol{r}) \right] dt = A_x(\boldsymbol{r}).
\end{aligned}
\tag{1.53}
$$

これを微分形式の言葉で書けば，1 形式

$$
\omega = A_x dx + A_y dy + A_z dz \tag{1.54}
$$

が $d\omega = 0$ を満たす，つまり閉形式ならば，

$$
\omega = d\phi = \frac{\partial \phi}{\partial x}dx + \frac{\partial \phi}{\partial y}dy + \frac{\partial \phi}{\partial z}dz \tag{1.55}
$$

となる 0 形式，つまり関数 $\phi(\boldsymbol{r})$ が存在することを意味している．

以上の定理は一般の n 次元 Euclid 空間 $\mathbb{R}^n$ に対して拡張することができて，そこでの p 形式 ω が $d\omega = 0$ を満たすならば，$(p-1)$ 形式 θ を用いて

$$
\omega = d\theta \tag{1.56}
$$

と書ける．これを Poincaré の補題とよぶ．この定理は，Euclid 空間において関数が特異性をもたないことを仮定していることに注意してほしい (5.5 節参照).

2　曲線と曲面の微分幾何学

2.1　曲　　線

2.1.1　曲 線 の 表 示

3 次元 Euclid (ユークリッド) 空間中の曲線は，パラメータ t を用いて

$$\boldsymbol{r} = \boldsymbol{r}(t) = \big(x(t), y(t), z(t)\big) \quad t_0 \le t \le t_1 \tag{2.1}$$

と表現できる．

$$\left|\frac{d\boldsymbol{r}(t)}{dt}\right|^2 = \frac{d\boldsymbol{r}(t)}{dt} \cdot \frac{d\boldsymbol{r}(t)}{dt} > 0 \tag{2.2}$$

とする．ここで，$\cdot$ はベクトルの内積である．$t \sim t + dt$ の間に対応する曲線の微小部分の長さ ds は

$$(ds)^2 = d\boldsymbol{r}(t) \cdot d\boldsymbol{r}(t) = \left|\frac{d\boldsymbol{r}(t)}{dt}\right|^2 (dt)^2 \tag{2.3}$$

で

$$ds = \left|\frac{d\boldsymbol{r}(t)}{dt}\right| dt = \sqrt{(\dot{x}(t))^2 + (\dot{y}(t))^2 + (\dot{z}(t))^2}dt \tag{2.4}$$

となる．ここで $\dot{x}(t) = \frac{dx(t)}{dt}$ などの略記号を用いた．これを t の区間 $[t_0, t]$ にわたって積分すると

$$s(t) = \int_{t_0}^{t} ds = \int_{t_0}^{t} \left|\frac{d\boldsymbol{r}(t)}{dt}\right| dt \tag{2.5}$$

は，その空間に対する曲線の長さを与える．$s(t)$ は t の単調増加関数であるからパラメータを t の代わりに s としてもよい．つまり $\boldsymbol{r} = \boldsymbol{r}(s)$ すると

$$\frac{d\boldsymbol{r}(s)}{ds} = \frac{d\boldsymbol{r}(t)}{dt}\frac{dt}{ds} \tag{2.6}$$

となり $\left|\frac{d\boldsymbol{r}(s)}{ds}\right| = 1$ がただちにいえる．

2.1.2　曲線の接線，接触平面，曲率

$\boldsymbol{e}_1(s) = \frac{d\boldsymbol{r}(s)}{ds} = \boldsymbol{r}'(s)$ は曲線の接線方向を向いた単位ベクトルなので，単位接線ベクトルという．さらに $\boldsymbol{e}_1(s)$ を s で微分して

$$\boldsymbol{e}_1'(s) \equiv \kappa(s)\boldsymbol{e}_2(s) \tag{2.7}$$

と書こう．ただし $\kappa(s) \geq 0$ で $|\boldsymbol{e}_2(s)| = 1$，つまり $\boldsymbol{e}_2(s)$ は単位ベクトルにとり，$\kappa(s)$ を曲線の曲率とよぶ．また $\boldsymbol{e}_1(s) \cdot \boldsymbol{e}_1(s) = 1$ を微分して得られる関係式，$\boldsymbol{e}_1(s) \cdot \boldsymbol{e}_1'(s) = 0$ より，$\boldsymbol{e}_1(s) \cdot \boldsymbol{e}_2(s) = 0$，つまり両者は直交することがわかる．

$$\boldsymbol{e}_3(s) = \boldsymbol{e}_1(s) \times \boldsymbol{e}_2(s) \tag{2.8}$$

で $\boldsymbol{e}_3(s)$ を定義すると，$\boldsymbol{e}_1(s), \boldsymbol{e}_2(s), \boldsymbol{e}_3(s)$ は右手系の正規直交標構 (つまり 3 次元空間の基底) をつくる．この 3 つのベクトルは，固定されたものではなく s とともに変化するので動標構とよばれる．

$$\boldsymbol{e}_2(s) \cdot \boldsymbol{e}_2(s) = 1 \tag{2.9}$$

を微分すると，$\boldsymbol{e}_2(s) \cdot \boldsymbol{e}_2'(s) = 0$ だから

$$\boldsymbol{e}_2'(s) = \alpha\boldsymbol{e}_1(s) + \tau\boldsymbol{e}_3(s) \tag{2.10}$$

と書けるが，$\boldsymbol{e}_1 \cdot \boldsymbol{e}_2 = 0$ を s で微分して

$$\boldsymbol{e}_1' \cdot \boldsymbol{e}_2 + \boldsymbol{e}_1 \cdot \boldsymbol{e}_2' = \kappa + \alpha = 0 \tag{2.11}$$

より $\alpha = -\kappa$ が出る．τ は捩率とよばれる．最後に $\boldsymbol{e}_3$ に関しては，

$$\boldsymbol{e}_3' = (\boldsymbol{e}_1 \times \boldsymbol{e}_2)' = \boldsymbol{e}_1' \times \boldsymbol{e}_2 + \boldsymbol{e}_1 \times \boldsymbol{e}_2' = \kappa\boldsymbol{e}_2 \times \boldsymbol{e}_2 + \boldsymbol{e}_1 \times (-\kappa\boldsymbol{e}_1 + \tau\boldsymbol{e}_3) = -\tau\boldsymbol{e}_2 \tag{2.12}$$

を得る．以上をまとめると

$$\boldsymbol{e}_1' = \qquad \kappa\boldsymbol{e}_2 \tag{2.13}$$

$$\boldsymbol{e}_2' = -\kappa\boldsymbol{e}_1 \qquad + \tau\boldsymbol{e}_3 \tag{2.14}$$

$$\boldsymbol{e}_3' = \qquad -\tau\boldsymbol{e}_2 \tag{2.15}$$

となり，これを空間曲線に対する Frenet-Serret (フレネー・セレー) の公式とよぶ．

$\boldsymbol{e}_1$ と $\boldsymbol{e}_2$ の定める平面を $\boldsymbol{r}(s)$ における接触平面という.

例 2.1 螺旋曲線：

$$\boldsymbol{r}(t) = (a\cos(bt), a\sin(bt), t) \quad (b > 0) \tag{2.16}$$

で表される曲線は，z 方向に延びる螺旋を表している (図 2.1). この曲線につき，以上に述べたことを調べてみよう.

$$\frac{d\boldsymbol{r}(t)}{dt} = (-ab\sin(bt), ab\cos(bt), 1) \tag{2.17}$$

なので,

$$\left(\frac{ds}{dt}\right)^2 = \left|\frac{d\boldsymbol{r}(t)}{dt}\right|^2 = a^2b^2 + 1. \tag{2.18}$$

よって $ds = \sqrt{a^2b^2+1}dt$, $s = \sqrt{a^2b^2+1}t$ となる.

$$\boldsymbol{e}_1(s) = \frac{d\boldsymbol{r}}{ds} = \frac{1}{\sqrt{a^2b^2+1}}(-ab\sin(bt), ab\cos(bt), 1) \tag{2.19}$$

が単位接線ベクトルである.

次に

$$\frac{d\boldsymbol{e}_1(s)}{ds} = \frac{1}{a^2b^2+1}(-ab^2\cos(bt), -ab^2\sin(bt), 0)$$

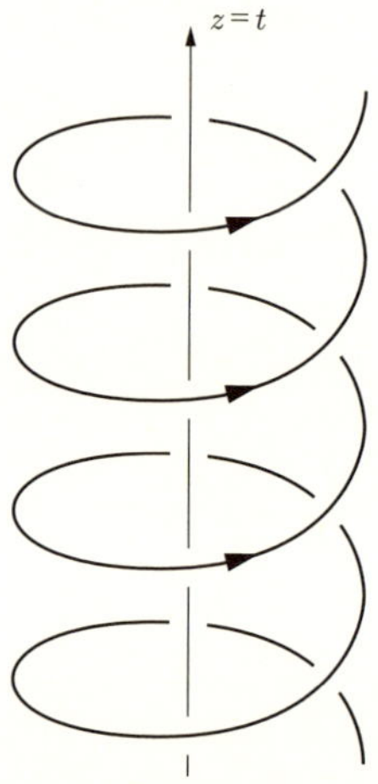

図 2.1 螺旋曲線

$$= \frac{ab^2}{a^2b^2+1}(-\cos(bt), -\sin(bt), 0). \tag{2.20}$$

これより曲率 $\kappa(s)$ と $\boldsymbol{e}_2(s)$ は

$$\begin{aligned} \kappa(s) &= \frac{ab^2}{a^2b^2+1}, \\ \boldsymbol{e}_2(s) &= (-\cos(bt), -\sin(bt), 0) \end{aligned} \tag{2.21}$$

を得る．これより

$$\boldsymbol{e}_3(s) = \boldsymbol{e}_1(s) \times \boldsymbol{e}_2(s) = \frac{1}{\sqrt{a^2b^2+1}}(\sin(bt), -\cos(bt), ab) \tag{2.22}$$

となる．

$$\begin{aligned} \frac{d\boldsymbol{e}_3(s)}{ds} &= \frac{1}{a^2b^2+1}(b\cos(bt), b\sin(bt), 0) \\ &= -\frac{b}{a^2b^2+1}\boldsymbol{e}_2(s) \end{aligned} \tag{2.23}$$

より $\tau = \frac{b}{a^2b^2+1}$ が得られ，

$$\begin{aligned} \frac{d\boldsymbol{e}_2(s)}{ds} &= \frac{b}{\sqrt{a^2b^2+1}}(\sin(bt), -\cos(bt), 0) \\ &= -\frac{ab^2}{a^2b^2+1}\boldsymbol{e}_1(s) + \frac{b}{a^2b^2+1}\boldsymbol{e}_3(s) \end{aligned} \tag{2.24}$$

より，$\alpha = -\kappa = -\frac{ab^2}{a^2b^2+1}$ を得る． ◁

2.2　曲　　　面

2.2.1　曲 面 の 表 示

3 次元空間中の曲面は，$\boldsymbol{r} = \boldsymbol{r}(u, v)$ と 2 つのパラメータ u, v によって位置を指定することで表示される．

例 2.2　半径 R の球面 S^2 は，

$$\boldsymbol{r} = (R\cos\phi\sin\theta, R\sin\phi\sin\theta, R\cos\theta) \tag{2.25}$$

で表示される．ここで θ, ϕ は極座標で上の u, v に対応する．

$$\boldsymbol{r}_\theta = \frac{\partial \boldsymbol{r}}{\partial \theta}, \quad \boldsymbol{r}_\phi = \frac{\partial \boldsymbol{r}}{\partial \phi} \tag{2.26}$$

は曲面に接するベクトルであり，これらの2つのベクトルが張る平面を $\boldsymbol{r}(\theta, \phi)$ における接平面とよぶ. ◁

2.2.2 基 本 形 式

曲面上の点 $\boldsymbol{r}(u, v)$ の微小変位

$$d\boldsymbol{r} = \boldsymbol{r}(u + du, v + dv) - \boldsymbol{r}(u, v) \tag{2.27}$$

を考えると，偏微分の公式より

$$d\boldsymbol{r} = \boldsymbol{r}_u du + \boldsymbol{r}_v dv \tag{2.28}$$

となり，その長さ ds の2乗は

$$I = (ds)^2 = d\boldsymbol{r} \cdot d\boldsymbol{r} = Edudu + 2Fdudv + Gdvdv, \tag{2.29}$$

$$E = \boldsymbol{r}_u \cdot \boldsymbol{r}_u, \quad F = \boldsymbol{r}_u \cdot \boldsymbol{r}_v, \quad G = \boldsymbol{r}_v \cdot \boldsymbol{r}_v \tag{2.30}$$

と書ける．この $I = (ds)^2$ のことを第一基本形式とよぶ．点 $\boldsymbol{r}(u, v)$ における接平面に垂直な単位ベクトル (法線単位ベクトル) $\boldsymbol{n}$ は

$$\boldsymbol{n} = \frac{\boldsymbol{r}_u \times \boldsymbol{r}_v}{|\boldsymbol{r}_u \times \boldsymbol{r}_v|} \tag{2.31}$$

で与えられる．この $\boldsymbol{n}$ と $\boldsymbol{r}$ からつくった $I\!I = -d\boldsymbol{r} \cdot d\boldsymbol{n}$ を第二基本形式とよぶ. $d\boldsymbol{n} = \boldsymbol{n}_u du + \boldsymbol{n}_v dv$ と式 (2.28) を合わせて $I\!I = Ldudu + 2Mdudv + Ndvdv$ と書ける．ただし,

$$\begin{aligned} L &= -\boldsymbol{r}_u \cdot \boldsymbol{n}_u, \\ M &= -(\boldsymbol{r}_u \cdot \boldsymbol{n}_v + \boldsymbol{r}_v \cdot \boldsymbol{n}_u)/2, \\ N &= -\boldsymbol{r}_v \cdot \boldsymbol{n}_v \end{aligned} \tag{2.32}$$

である．ここで $\boldsymbol{r}_u \cdot \boldsymbol{n} = \boldsymbol{r}_v \cdot \boldsymbol{n} = 0$ を微分して得られる関係式

$$\begin{aligned} \boldsymbol{r}_{uu} \cdot \boldsymbol{n} + \boldsymbol{r}_u \cdot \boldsymbol{n}_u &= 0, \\ \boldsymbol{r}_u \cdot \boldsymbol{n}_v + \boldsymbol{r}_{uv} \cdot \boldsymbol{n} &= 0, \\ \boldsymbol{r}_v \cdot \boldsymbol{n}_u + \boldsymbol{r}_{vu} \cdot \boldsymbol{n} &= 0, \\ \boldsymbol{r}_{vv} \cdot \boldsymbol{n} + \boldsymbol{r}_v \cdot \boldsymbol{n}_v &= 0 \end{aligned} \tag{2.33}$$

を用いると

$$L = \boldsymbol{n} \cdot \boldsymbol{r}_{uu},$$
$$M = -\boldsymbol{r}_u \cdot \boldsymbol{n}_v = -\boldsymbol{r}_v \cdot \boldsymbol{n}_u = \boldsymbol{n} \cdot \boldsymbol{r}_{uv}, \tag{2.34}$$
$$N = \boldsymbol{n} \cdot \boldsymbol{r}_{vv}$$

とも書ける．

2.2.3　計量テンソルと Gauss の公式，Weingarten の公式

前節で導入した第一基本形式から，計算テンソル g_{ij} を定義しよう．$u = u^1, v = u^2$ として

$$I = \sum_{i,j=1}^{2} g_{ij} du^i du^j \tag{2.35}$$

と書く．以前の記号を用いると

$$g_{11} = E, \qquad g_{12} = g_{21} = F, \qquad g_{22} = G \tag{2.36}$$

となる．同様に第二基本形式を

$$II = \sum_{i,j=1}^{2} H_{ij} du^i du^j \tag{2.37}$$

と書いて H_{ij} を

$$H_{11} = L, \qquad H_{12} = H_{21} = M, \qquad H_{22} = N \tag{2.38}$$

と定義しよう．式 (2.34) より $H_{ij} = \boldsymbol{n} \cdot \frac{\partial \boldsymbol{r}}{\partial u^i \partial u^j}$ が成立することに注意してほしい．ここで，g_{ij} の逆行列の (jk) 要素を g^{jk} と書く．つまり

$$\sum_{j=1}^{2} g_{ij} g^{jk} = \delta_i^k = \begin{cases} 1 & i = k \text{ のとき} \\ 0 & \text{それ以外} \end{cases} \tag{2.39}$$

を満たす．また，$\det g_{ij} = g$ とする．この計量テンソルは，テンソルやベクトルの反変成分と共変成分を変換する役割を担う (3 章で反変ベクトル，共変ベクトルについて述べる)．曲面のパラメータ表示 $\boldsymbol{r} = \boldsymbol{r}(u^1, u^2)$ に対して

$$\boldsymbol{X}_1 = \frac{\partial \boldsymbol{r}}{\partial u^1}, \qquad \boldsymbol{X}_2 = \frac{\partial \boldsymbol{r}}{\partial u^2} \tag{2.40}$$

は接平面を張る 2 つのベクトルとなる．

$$d\boldsymbol{r} = \boldsymbol{X}_1 du^1 + \boldsymbol{X}_2 du^2 \tag{2.41}$$

だから，$g_{11} = \boldsymbol{X}_1 \cdot \boldsymbol{X}_1$，$g_{12} = g_{21} = \boldsymbol{X}_1 \cdot \boldsymbol{X}_2$，$g_{22} = \boldsymbol{X}_2 \cdot \boldsymbol{X}_2$ となる．

次に，$\boldsymbol{X}_j$ をさらに u^k で微分した結果を次のように書こう．

$$\frac{\partial \boldsymbol{X}_j}{\partial u^k} \equiv \boldsymbol{X}_{j,k} = \sum_{i=1}^{2} \Gamma^i_{jk} \boldsymbol{X}_i + \Gamma_{jk} \boldsymbol{n} \tag{2.42}$$

$\boldsymbol{n}$ は法線単位ベクトルであるから，この表式は 3 つのベクトル $\boldsymbol{X}_1$，$\boldsymbol{X}_2$，$\boldsymbol{n}$ の線形結合としてベクトルを表現したものにほかならない．その線形結合の係数 Γ^i_{jk}，Γ_{jk} について調べてみよう．まず，$\boldsymbol{X}_{j,k} = \boldsymbol{X}_{k,j}$ から，$\Gamma^i_{jk} = \Gamma^i_{kj}$，$\Gamma_{jk} = \Gamma_{kj}$ となる．また，式 (2.34) より

$$H_{ij} = \boldsymbol{n} \cdot \frac{\partial^2 \boldsymbol{r}}{\partial u^i \partial u^j} = \boldsymbol{n} \cdot \boldsymbol{X}_{i,j} \tag{2.43}$$

であることから，$\Gamma_{jk} = H_{jk}$ がただちに得られる．次に Γ^i_{jk} を計量テンソルで表現する．$\boldsymbol{X}_i \cdot \boldsymbol{X}_j = g_{ij}$ の両辺を u^k で微分すると

$$\boldsymbol{X}_{i,k} \cdot \boldsymbol{X}_j + \boldsymbol{X}_i \cdot \boldsymbol{X}_{j,k} = g_{ij,k} \tag{2.44}$$

となり，左辺に式 (2.42) を代入すると $\boldsymbol{X}_i \cdot \boldsymbol{n} = \boldsymbol{X}_j \cdot \boldsymbol{n} = 0$ に注意して

$$\Gamma^a_{ik} g_{aj} + \Gamma^a_{jk} g_{ai} = g_{ij,k} \tag{a}$$

を得る．ここで Einstein の縮約記法に従って 2 か所に現れる a に関する和記号は省略した．i，j，k を巡回させると

$$\Gamma^a_{kj} g_{ai} + \Gamma^a_{ij} g_{ak} = g_{ki,j}, \tag{b}$$

$$\Gamma^a_{ji} g_{ak} + \Gamma^a_{ki} g_{aj} = g_{jk,i} \tag{c}$$

(a) + (b) − (c) をつくれば

$$2\Gamma^a_{jk} g_{ai} = g_{ij,k} + g_{ki,j} - g_{jk,i} \tag{2.45}$$

を得，これに g^{li} を掛けて i について和をとると，

$$\Gamma^l_{jk} = \frac{1}{2} g^{li} \left(g_{ij,k} + g_{ki,j} - g_{jk,i} \right) \tag{2.46}$$

を得る．この Γ^a_{jk} を Christoffel (クリストフェル) の記号とよぶ．以上をまとめて，

$$\boldsymbol{X}_{j,k} = \Gamma^i_{jk}\boldsymbol{X}_i + H_{jk}\boldsymbol{n}. \tag{2.47}$$

これを Gauss (ガウス) の公式とよぶ．次に $\boldsymbol{n}$ の u^k による微分を考える．

$$\frac{\partial \boldsymbol{n}}{\partial u^k} = \boldsymbol{n}_k \tag{2.48}$$

と記することにすると，$\boldsymbol{n}\cdot\boldsymbol{n} = 1$ を u^k で微分して，$\boldsymbol{n}\cdot\boldsymbol{n}_k = 0$ を得るから，

$$\boldsymbol{n}_k = \Gamma^i_k \boldsymbol{X}_i \tag{2.49}$$

と書ける．一方 $\boldsymbol{X}_j\cdot\boldsymbol{n}$ を u^k で偏微分すると

$$\boldsymbol{X}_{j,k}\cdot\boldsymbol{n} + \boldsymbol{X}_j\cdot\boldsymbol{n}_k = \left(\Gamma^i_{jk}\boldsymbol{X}_i + H_{jk}\boldsymbol{n}\right)\cdot\boldsymbol{n} + \boldsymbol{X}_j\cdot\Gamma^i_k\boldsymbol{X}_i = H_{jk} + \Gamma^i_k g_{ji} = 0 \tag{2.50}$$

を得る．これより $\Gamma^l_k = -H_{jk}g^{jl} = -H^l_k$ となるので，結局

$$\boldsymbol{n}_k = -H^i_k\boldsymbol{X}_i \tag{2.51}$$

となる (ここで g^{jl} によって共変成分を反変成分に変化させたことに注意．ただし，いまの場合は，H^k_l の定義だと理解してもよい)．これを Weingarten (ワインガルテン) の公式という．

Gauss の公式 (2.47) から

$$\boldsymbol{X}_{j,k,l} = \left(\frac{\partial}{\partial u^l}\Gamma^i_{jk}\right)\boldsymbol{X}_i + \Gamma^a_{jk}\boldsymbol{X}_{a,l} + H_{jk,l}\boldsymbol{n} + H_{jk}\boldsymbol{n}_l. \tag{2.52}$$

ここに Weingarten の公式 (2.51) および Gauss の公式 (2.47) を代入して

$$\boldsymbol{X}_{j,k,l} = \left[\frac{\partial}{\partial u^l}\Gamma^i_{jk} - H_{jk}H^i_l + \Gamma^a_{jk}\Gamma^i_{al}\right]\boldsymbol{X}_i + \left[H_{jk,l} + \Gamma^a_{jk}H_{al}\right]\boldsymbol{n} \tag{2.53}$$

を得る．ここで k と l を交換しても偏微分の順序に微係数は依らないことから，$\boldsymbol{X}_{j,k,l} = \boldsymbol{X}_{j,l,k}$ がいえて，この条件から

$$\frac{\partial}{\partial u^l}\Gamma^i_{jk} - \frac{\partial}{\partial u^k}\Gamma^i_{jl} + \Gamma^a_{jk}\Gamma^i_{al} - \Gamma^a_{jl}\Gamma^i_{ak} = H_{jk}H^i_l - H_{jl}H^i_k, \tag{2.54}$$

$$H_{jk,l} - H_{jl,k} + \Gamma^a_{jk}H_{al} - \Gamma^a_{jl}H_{ak} = 0 \tag{2.55}$$

の 2 つの関係が得られる．前者を Gauss の基本方程式，後者を Mainardi-Codazzi (マイナルディ・コダッチ) の基本方程式という．

式 (2.54) の左辺

$$R^i_{jkl} \equiv \frac{\partial}{\partial u^l}\Gamma^i_{jk} - \frac{\partial}{\partial u^k}\Gamma^i_{jl} + \Gamma^a_{jk}\Gamma^i_{al} - \Gamma^a_{jl}\Gamma^i_{ak} \tag{2.56}$$

を曲面の曲率テンソルという．

2.2.4　ベクトルの平行移動

曲率テンソルの意味を明らかにするために“平行移動”について述べよう．曲面上のベクトルは各点において，常にその接平面上になければならない．そこでベクトルの平行移動とは

(1) まず 3 次元空間で通常の平行移動，つまりベクトルの原点シフトを行う，

(2) 次に，移動先の点における接平面への射影を行う，

という 2 つの過程から成る．これを 1 次元的に示したのが図 2.2 である．曲面 $\boldsymbol{r} = \boldsymbol{r}(u^1, u^2)$ 上の曲線 $u^1 = u^1(t)$，$u^2 = u^2(t)$ を考える．点 $P(t$ に対応) での接ベクトルを $\boldsymbol{V}$，それを $Q(t + \Delta t$ に対応) へ平行移動したものを $\boldsymbol{V}'$ とする：

$$\Delta \boldsymbol{V} = \boldsymbol{V}' - \boldsymbol{V}. \tag{2.57}$$

ベクトルが平行移動するとは，$\Delta \boldsymbol{V}$ が $\Delta t \to 0$ の極限で $\boldsymbol{X}_1$，$\boldsymbol{X}_2$ 方向の成分をもたないことである：

$$\frac{d\boldsymbol{V}}{dt} \cdot \boldsymbol{X}_1 = \frac{d\boldsymbol{V}}{dt} \cdot \boldsymbol{X}_2 = 0. \tag{2.58}$$

一方，$\boldsymbol{V}(t)$ は $\boldsymbol{X}_1$ と $\boldsymbol{X}_2$ の線形結合として書けるから

$$\boldsymbol{V}(t) = V^1(t)\boldsymbol{X}_1 + V^2(t)\boldsymbol{X}_2 = \sum_{i=1}^{2} V^i(t)\boldsymbol{X}_i. \tag{2.59}$$

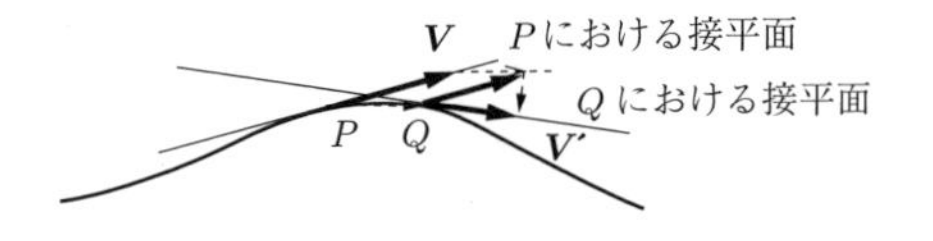

図 **2.2**　ベクトルの平行移動

これを式 (2.58) に代入すると,

$$\sum_{i=1}^{2}\left(\frac{dV^i}{dt}\boldsymbol{X}_i + V^i(t)\dot{\boldsymbol{X}}_i\right)\cdot\boldsymbol{X}_j = \sum_{i=1}^{2}\left(\dot{V}^i g_{ij} + V^i(t)\alpha_{ij}\right) = 0 \qquad (j=1,2) \tag{2.60}$$

となる．ここで $\alpha_{ij} = \dot{\boldsymbol{X}}_i\cdot\boldsymbol{X}_j$ を導入した．α_{ij} はさらに

$$\alpha_{ij} = \sum_{k=1}^{2}\boldsymbol{X}_{i,k}\dot{u}^k\cdot\boldsymbol{X}_j = \sum_{k=1}^{2}\left(\sum_{l=1}^{2}\Gamma^l_{ik}\boldsymbol{X}_l + H_{ik}\boldsymbol{n}\right)\cdot\boldsymbol{X}_j\dot{u}^k = \sum_{k,l=1}^{2}\Gamma^l_{ik}g_{lj}\dot{u}^k \tag{2.61}$$

と書けるので式 (2.60) は

$$\sum_{i=1}^{2}\left(\dot{V}^i g_{ij} + \sum_{k,l=1}^{2}V^i\Gamma^l_{ik}g_{lj}u^k\right) = 0. \tag{2.62}$$

g^{rj} を掛けて j について和をとると

$$\frac{dV^r}{dt} + \sum_{i,j=1}^{2}\Gamma^r_{ij}V^i\frac{du^j}{dt} = 0 \tag{2.63}$$

を得る．これが，ベクトルの平行移動を表す方程式である．

2.2.5　共　変　微　分

ベクトルの平行移動が定義できれば，異なる点の 2 つのベクトルを比較することができる．(u^1, u^2) に対応する P 点にあるベクトル $\boldsymbol{V}$ を (u^1+du^1, u^2+du^2) に対応する Q に平行移動した $\boldsymbol{V}'$ と Q で定義されたベクトル $\boldsymbol{V}''$ の差をとる．

$$D\boldsymbol{V} = \boldsymbol{V}'' - \boldsymbol{V}' = (\boldsymbol{V}'' - \boldsymbol{V}) - (\boldsymbol{V}' - \boldsymbol{V}) \equiv d\boldsymbol{V} - \delta\boldsymbol{V} \tag{2.64}$$

とおくと成分表示で

$$\begin{aligned} d\boldsymbol{V} &= \sum_{i=1}^{2}\frac{\partial V^r}{\partial u^i}du^i\boldsymbol{X}_r, \\ \delta\boldsymbol{V} &= -\sum_{i,j=1}^{2}\Gamma^r_{ji}V^j du^i\boldsymbol{X}_r \end{aligned} \tag{2.65}$$

となるので

$$DV = \sum_{i=1}^{2} \left(\frac{\partial V^r}{\partial u^i} + \sum_{j=1}^{2} \Gamma^r_{ji} V^j \right) du^i \boldsymbol{X}_r \tag{2.66}$$

となる．これを共変微分とよぶ．

2.2.6 曲　　率

次に曲率について考えよう．図 2.3 のように，微小曲面の周囲に沿ってベクトルを A → B → C → A と平行移動することを考える．$\boldsymbol{V}_1$ は，A に戻ってきたとき $\boldsymbol{V}_1'$ へと変化し，$\boldsymbol{V}_1' - \boldsymbol{V}_1 = \Delta \boldsymbol{V}$ がいま問題とする量である．これは「はじめに」で球面上で行った平行移動を微小なループについて行うことに対応している．微小な曲面の周囲に沿った ΔV^r は

$$\begin{aligned} \Delta V^r &= \oint_c \delta V^r = -\sum_{i,j} \oint \Gamma^r_{ij} V^j du^i \\ &= -\sum_{l,m} \left[\frac{\partial}{\partial u^l} \left(\Gamma^r_{jm} V^j \right) - \frac{\partial}{\partial u^m} \left(\Gamma^r_{jl} V^j \right) \right] \Delta f^{lm} \end{aligned} \tag{2.67}$$

となる．最後の式では Stokes (ストークス) の定理を使っており，Δf^{lm} は $l-m$ 面の面素である．上式の $[\cdots]$ 内は

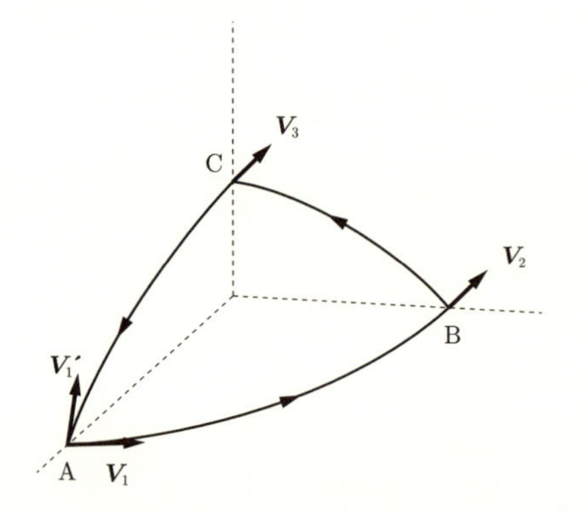

図 **2.3**　閉曲線に沿った平行移動によるベクトルの変化

$$\left[\cdots\right] = \frac{\partial \Gamma^r_{jm}}{\partial u^l} V^j + \Gamma^r_{jm} \frac{\partial V^j}{\partial u^l} - \frac{\partial \Gamma^r_{jl}}{\partial u^m} V^j - \Gamma^r_{jl} \frac{\partial V^j}{\partial u^m} \tag{2.68}$$

となるが，ここで平行移動の方程式

$$\frac{\partial V^j}{\partial u^l} = -\sum_k \Gamma^j_{kl} V^k \tag{2.69}$$

などを代入すると，

$$\begin{aligned} \left[\cdots\right] &= \sum_j \left\{ \frac{\partial \Gamma^r_{jm}}{\partial u^l} V^j - \sum_k \Gamma^r_{jm} \Gamma^j_{kl} V^k - \frac{\partial \Gamma^r_{jl}}{\partial u^m} V^j + \sum_k \Gamma^r_{jl} \Gamma^j_{km} V^k \right\} \\ &= \sum_j R^r_{jml} V^j \end{aligned} \tag{2.70}$$

となる．ここで曲率テンソル

$$R^r_{jml} = \frac{\partial \Gamma^r_{jm}}{\partial u^l} - \sum_k \Gamma^r_{km} \Gamma^k_{jl} - \frac{\partial \Gamma^r_{jl}}{\partial u^m} + \sum_k \Gamma^r_{kl} \Gamma^k_{jm} \tag{2.71}$$

を導入した．Christoffel の記号がテンソルではなかったことと対照的に，これは (1,3) 型のテンソルとして振る舞う*1．この曲率テンソルを使うと Gauss の基本方程式は

$$R^i_{jkl} = H_{jk} H^i_l - H_{jl} H^i_k \tag{2.72}$$

となる．また，R^i_{jkl} は次の性質をもつことがすぐに確かめられる．

(i)　$R^i_{jkl} = -R^i_{jlk}$

(ii)　$R^i_{jkl} + R^i_{klj} + R^i_{ljk} = 0$

$R_{ijkl} \equiv g_{ia} R^a_{jkl}$ を定義すると逆に $R^i_{jkl} = g^{ia} R_{ajkl}$ が得られる．Gauss の基本方程式は，

$$R_{ijkl} = H_{jk} H_{il} - H_{jl} H_{ik} \tag{2.73}$$

となる．また，R_{ijlk} の性質として

(iii)　$R_{ijkl} = -R_{ijlk}$

(iv)　$R_{ijkl} + R_{iklj} + R_{iljk} = 0$

が上の (i)，(ii) からすぐにいえる．また，式 (2.73) から

*1　テンソルの型については 3.2.3 項で定義する．

(v)　$R_{ijkl} = -R_{jikl}$

(vi)　$R_{ijkl} = R_{klij}$

も導かれる．

いま考えている3次元空間中の曲面では，i, j, k, l は，1と2の値をとる．i と j，または k と l が等しいときは，(iii) と (v) から R_{ijkl} は0となるので，有限となるのは，

$$R_{1212} = -R_{1221} = -R_{2112} = R_{2121} \tag{2.74}$$

の4つで独立な成分は1つだけである．式 (2.73) より，

$$R_{1212} = H_{21}H_{12} - H_{11}H_{22} \tag{2.75}$$

である．

ここで再び，Gauss 曲率 κ に戻って，それを g_{ij}, H_{ij} で表現することを考える．

いま，du^1 と du^2 の比を1つ決めて，曲面の断面 (曲面上の曲線) を考えると，t をパラメータとして

$$\left.\begin{aligned} du^1 &= \alpha^1 dt \\ du^2 &= \alpha^2 dt \end{aligned}\right\} \tag{2.76}$$

となる．式 (2.34)，式 (2.37)，式 (2.38) より

$$H_{ij} = \boldsymbol{n} \cdot \frac{\partial^2 \boldsymbol{r}}{\partial u^i \partial u^j}$$

および第二基本形式が $I\!I = \boldsymbol{n} \cdot \Delta^2 \boldsymbol{r}$ と書けることがわかる．ここで $\Delta^2 \boldsymbol{r}$ は u^i の変化分 du^i に関する2次の変化分である．よって，点 P における接平面を $z = 0$ にとると，その近傍で $dz = \frac{1}{2} H_{ij} \alpha^i \alpha^j (dt)^2$ となる．

一方，弧長 ds は，$(ds)^2 = g_{ij} \alpha^i \alpha^j (dt)^2$ なので曲率半径 R は以下のように求まる．図2.4に図示するように θ を考えている点から測った角度とすると $R d\theta = ds$ より $R = ds/d\theta$ となる．一方高さ z の変化 dz は，$dz = \frac{1}{2} R (d\theta)^2 = \frac{1}{2}(1/R)(ds)^2$ となるから，これら2つの関係式より

$$\frac{1}{R} = 2\frac{dz}{(ds)^2} = \frac{\sum\limits_{ij} H_{ij} \alpha^i \alpha^j}{\sum\limits_{ij} g_{ij} \alpha^i \alpha^j} \tag{2.77}$$

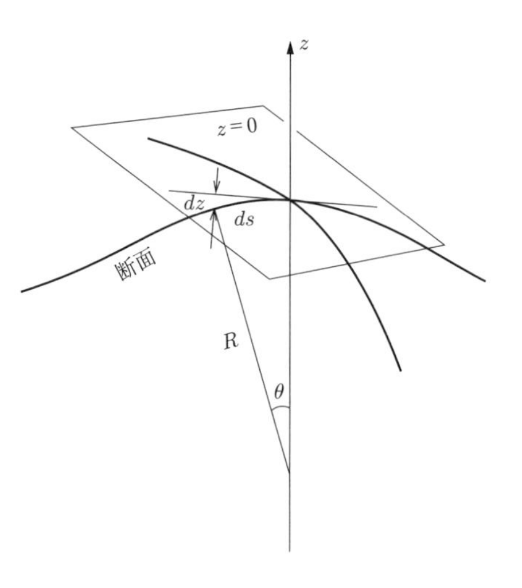

図 **2.4** 曲面上の断面

となる．この逆数である曲率 R は α^1, α^2 (の比) に依存するが，この極大，極小値を求めるには Lagrange (ラグランジュ) 乗数 λ を導入して

$$f = H_{ij}\alpha^i\alpha^j - \lambda g_{ij}\alpha^i\alpha^j \tag{2.78}$$

の極値を求めればよい．

$$\begin{aligned} \frac{\partial f}{\partial \alpha^1} &= 2H_{11}\alpha^1 + 2H_{12}\alpha^2 - 2\lambda(g_{11}\alpha^1 + g_{12}\alpha^2) = 0, \\ \frac{\partial f}{\partial \alpha^2} &= 2H_{12}\alpha^1 + 2H_{22}\alpha^2 - 2\lambda(g_{12}\alpha^1 + g_{22}\alpha^2) = 0. \end{aligned} \tag{2.79}$$

行列とベクトルの形で書くと，

$$\hat{H}\boldsymbol{\alpha} = \lambda\hat{g}\boldsymbol{\alpha} \tag{2.80}$$

と固有値問題に帰着する．固有方程式

$$\det(\hat{H} - \lambda\hat{g}) = 0 \tag{2.81}$$

の 2 つの根 λ_1, λ_2 は主曲率とよばれ，Gauss の曲率 κ は，$\boldsymbol{e}_3 = \boldsymbol{n}$ の単位球面上の立体角に対応することを思い出すと

$$\kappa = \lambda_1\lambda_2 \tag{2.82}$$

で与えられる．よって，

$$\kappa = \frac{\det \hat{H}}{\det \hat{g}} = -\frac{R_{1212}}{g} \tag{2.83}$$

が得られた．

2.2.7 もっともすばらしい定理

次に，曲面の等長変換を導入する．いま曲面が伸び縮みしない丈夫な紙でできているとする．この曲面を曲げたりして別の曲面をつくることができる．曲面上の 2 点間の距離は変化しないから，これを等長変換とよぶ．曲面 $\boldsymbol{r}(u^1, u^2)$ を等長変換により $\bar{\boldsymbol{r}}(u^1, u^2)$ に写したとする．2 点間の長さが変化しないという条件は，

$$(ds)^2 = (d\bar{s})^2 \tag{2.84}$$

つまり

$$g_{ij} du^i du^j = \bar{g}_{ij} du^i du^j \tag{2.85}$$

なので結局

$$g_{ij}(u^k) = \bar{g}_{ij}(u^k) \tag{2.86}$$

が等長変換であるための条件である．逆にいえば，g_{ij} を指定してもまだ自由度が残っていて，いろいろな曲面をつくることができるのである．しかし，Gauss 曲率 κ はこれらのいろいろな曲面で共通である．なぜなら，R_{1212} は g_{ij} とその微係数で完全に決まり，κ もそうだからである．この定理は Gauss により「もっともすばらしい定理」と名付けられた．例えば，まっすぐな紙でできた平面を考えよう．紙が伸び縮みしない，つまり紙上の距離が変化しないとする．この紙を曲げていってつくられる曲面は常に Gauss 曲率が 0 である．円筒はその例であり，逆に平面へと展開できる．一方，球面 (の一部分) は Gauss 曲率が有限なので紙を曲げていってつくることができない．世界地図では，地球儀と比べて北極，南極の付近が拡大されていることを思い出してもらいたい．平面へと展開すると距離関係が変化してしまうのである．

2.2.8　微分形式による記述

いままで議論してきた曲面の解析を，微分形式の言葉で記述してみよう．接平面を張る 2 つの単位ベクトルを $\boldsymbol{e}_1, \boldsymbol{e}_2$ とするとこの平面内の微小ベクトル $d\boldsymbol{r}$ は

$$d\boldsymbol{r} = \sigma^1 \boldsymbol{e}_1 + \sigma^2 \boldsymbol{e}_2 \tag{2.87}$$

と書ける．σ^1, σ^2 は 1 形式である．$\boldsymbol{e}_3 = \boldsymbol{e}_1 \times \boldsymbol{e}_2$ は法線単位ベクトルである (図 2.5)．曲線の場合と同様に

$$d\boldsymbol{e}_i = \sum_{j=1}^{3} \omega_{ij} \boldsymbol{e}_j \tag{2.88}$$

と書くと，$\Omega = (\omega_{ij})$ は $\boldsymbol{e}_i \cdot \boldsymbol{e}_j = \delta_{ij}$ から 1 形式を成分とする反対称行列である．

これまでは空間曲面ありきで話を進めてきたが，逆に σ^i, ω_{ij} が与えられたときに，これらから曲面が構成できる条件 (これを積分可能条件という) を調べよう．この条件は以下および次節で示すように $d^2 = 0$ から導かれる．

$$\begin{aligned} d(d\boldsymbol{e}_i) &= d\left(\sum_j \omega_{ij} \boldsymbol{e}_j\right) = \sum_j \left(d\omega_{ij} \boldsymbol{e}_j - \omega_{ij} \wedge d\boldsymbol{e}_j\right) \\ &= \sum_j \left(d\omega_{ij} \boldsymbol{e}_j - \omega_{ij} \wedge \sum_k \omega_{jk} \boldsymbol{e}_k\right) = \sum_j \left(d\omega_{ij} - \sum_k \omega_{ik} \wedge \omega_{kj}\right) \boldsymbol{e}_j = 0 \end{aligned} \tag{2.89}$$

なので

$$d\omega_{ij} = \sum_{k=1}^{3} \omega_{ik} \wedge \omega_{kj} \tag{2.90}$$

を得る．これをまとめて行列の形にすると

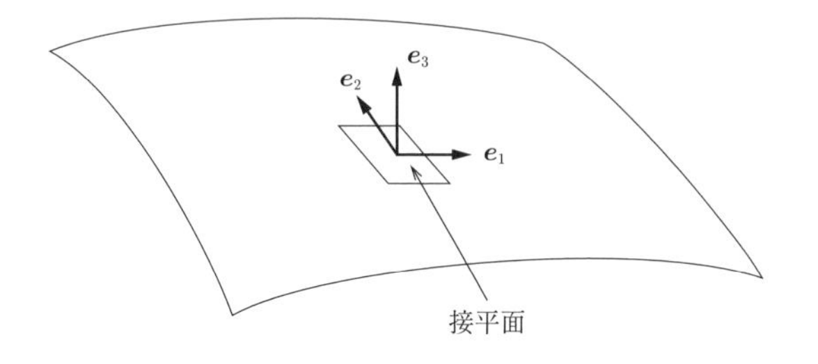

図 2.5　曲面上の動標構

$$d\Omega = \Omega \wedge \Omega \tag{2.91}$$

となる．

$$\begin{aligned} d(d\boldsymbol{r}) &= d\left(\sigma^1 \boldsymbol{e}_1 + \sigma^2 \boldsymbol{e}_2\right) = \sum_{i=1}^{2} \left(d\sigma^i \boldsymbol{e}_i - \sigma^i \wedge d\boldsymbol{e}_i\right) \\ &= \sum_{i=1}^{2} \left(d\sigma^i \boldsymbol{e}_i - \sigma^i \wedge \sum_{j=1}^{3} \omega_{ij} \boldsymbol{e}_j\right) \\ &= \sum_{i,j=1}^{2} \left(d\sigma^i - \sigma^j \wedge \omega_{ji}\right) \boldsymbol{e}_i - \sum_{i=1}^{2} \sigma^i \wedge \omega_{i3} \boldsymbol{e}_3 = 0. \end{aligned} \tag{2.92}$$

よって

$$\begin{cases} d\sigma^i = \displaystyle\sum_{j=1}^{2} \sigma^j \wedge \omega_{ji}, \qquad (i = 1, 2) & (2.93) \\ \displaystyle\sum_{i=1}^{2} \sigma^i \wedge \omega_{i3} = 0 & (2.94) \end{cases}$$

の関係を得る．式 (2.93) を第一構造式とよぶ．$(\sigma_1 \wedge \sigma_2)\boldsymbol{e}_3$ は，面素ベクトルを表す．これに対応して $\boldsymbol{e}_3$ は単位球面上を動き，その単位球面上での面素ベクトルは $(\omega_{13} \wedge \omega_{23})\boldsymbol{e}_3$ となる．この両者の比 κ を Gauss 曲率とよぶ．つまり

$$\omega_{13} \wedge \omega_{23} = \kappa \sigma^1 \wedge \sigma^2. \tag{2.95}$$

また式 (2.90) より $\omega_{13} \wedge \omega_{23} = \omega_{23} \wedge \omega_{31} = d\omega_{21} = -d\omega_{12}$ なので，

$$d\omega_{21} = \kappa(\sigma^1 \wedge \sigma^2) \tag{2.96}$$

とも書ける．

再び $d\boldsymbol{r} = \sigma^1 \boldsymbol{e}_1 + \sigma^2 \boldsymbol{e}_2$ から出発すると第一基本形式は $I = \sigma^1\sigma^1 + \sigma^2\sigma^2$ となる．ω_{ij} は du, dv によって書ける 1 形式だから

$$\begin{pmatrix} \omega_{13} \\ \omega_{23} \end{pmatrix} = \begin{pmatrix} b_{11} & b_{12} \\ b_{21} & b_{22} \end{pmatrix} \begin{pmatrix} \sigma^1 \\ \sigma^2 \end{pmatrix} = B \begin{pmatrix} \sigma^1 \\ \sigma^2 \end{pmatrix} \tag{2.97}$$

と書ける．$\boldsymbol{n} = \boldsymbol{e}_3$ であることから，第二基本形式は，

$$\begin{aligned} I\!I &= -d\boldsymbol{r} \cdot d\boldsymbol{e}_3 = -(\sigma^1 \boldsymbol{e}_1 + \sigma^2 \boldsymbol{e}_2) \cdot (\omega_{31} \boldsymbol{e}_1 + \omega_{32} \boldsymbol{e}_2) \\ &= (\sigma^1 \omega_{13} + \sigma^2 \omega_{23}) = \sum_{i,j=1}^{2} b_{ij} \sigma^i \sigma^j. \end{aligned} \tag{2.98}$$

ここで積は通常の積であり，$\wedge$ でないことに注意．式 (2.94) に式 (2.97) を代入すると

$$\sum_{i=1}^{2}\sigma_i \wedge \left(\sum_{j=1}^{2} b_{ij}\sigma_j\right) = \sum_{i,j=1}^{2} b_{ij}\sigma_i \wedge \sigma_j = 0 \tag{2.99}$$

なので，$b_{12} = b_{21}$，つまり行列 B は対称行列であることがわかる．

また式 (2.97) より

$$d\omega_{21} = \omega_{23} \wedge \omega_{31} = \omega_{13} \wedge \omega_{23} = (\det B)\sigma_1 \wedge \sigma_2 \tag{2.100}$$

と式 (2.98) から，Gauss 曲率が

$$\kappa = b_{11}b_{22} - b_{12}b_{21} = \det B \tag{2.101}$$

で与えられることがわかる．式 (2.98) と式 (2.100) を第二構造式とよぶ．一方の平均曲率 H は

$$\mathrm{tr}B = b_{11} + b_{22} = 2H$$

によって定義される．式 (2.90) のほかの成分は

$$d\omega_{i3} = \sum_{j=1}^{2}\omega_{ij} \wedge \omega_{j3} = \sum_{j,k=1}^{2}\omega_{ij} \wedge b_{jk}\sigma_k \tag{2.102}$$

を与えるが，この左辺を b_{ij} を用いて表現すると

$$\begin{aligned}\sum_{k=1}^{2} d\left(b_{ik}\sigma_k\right) &= \sum_{k=1}^{2}\left(db_{ik} \wedge \sigma_k + b_{ik}d\sigma_k\right) = \sum_{k=1}^{2}\left(db_{ik} \wedge \sigma_k + b_{ik}\sum_{j=1}^{2}\sigma_j \wedge \omega_{jk}\right)\\ &= \sum_{k=1}^{2} db_{ik} \wedge \sigma_k + \sum_{k=1}^{2}\sum_{j=1}^{2} b_{ij}\sigma_k \wedge \omega_{kj}\\ &= \sum_{k=1}^{2}\left(db_{ik} - \sum_{j=1}^{2} b_{ij}\omega_{kj}\right) \wedge \sigma_k \end{aligned} \tag{2.103}$$

となる．

$$\sum_{j,k=1}^{2}\omega_{ij} \wedge b_{jk}\sigma_k = \sum_{j,k=1}^{2} b_{jk}\omega_{ij} \wedge \sigma_k$$

を使うと式 (2.102) より

$$\sum_{k=1}^{2}\left(db_{ik}-\sum_{j=1}^{2}b_{ij}\omega_{kj}-\sum_{j=1}^{2}b_{jk}\omega_{ij}\right)\wedge\sigma_k=0 \tag{2.104}$$

を得る．( ) 内を $\sum_{l=1}^{2} b_{ik,l}\sigma^l$ と書くと

$$\sum_{l,k=1}^{2} b_{ik,l}\sigma^l\wedge\sigma^k=0 \tag{2.105}$$

なので，

$$b_{i1,2}=b_{i2,1} \tag{2.106}$$

を得る．これを Mainardi-Codazzi の式とよぶ．この式と式 (2.100) を合わせて，曲面論の基本式とよぶ．式 (2.100) は式 (2.54) に，式 (2.106) は式 (2.55) に等価である．

2.2.9　曲面論の基本定理

それでは曲面を一意的に定めるための条件は何であろうか．証明を省略して結論だけ述べると，u^i の関数 g_{ij}, H_{ij} が与えられ，これらが Gauss の方程式 (2.54)，および Mainardi-Codazzi の基本方程式 (2.55) を満足するときには，これらを第一および第二基本量としてもつ曲面が (運動を除いて) 一意的に存在する．これを曲面論の基本定理という．この定理は式 (2.54) と式 (2.55) が曲面が与えられたときに導かれる関係であったのに対して，逆にこれが積分可能条件として十分であることを主張している．証明は文献[20]を参照のこと．

2.2.10　動標構を用いた記述

ここで再び動標構を用いて表現してみよう．接ベクトルを

$$\boldsymbol{V}=\sum_{j=1}^{2}V^j\boldsymbol{e}_j \tag{2.107}$$

と書いたとき，外微分をとると

$$\begin{aligned} d\boldsymbol{V} &= \sum_{j=1}^{2}\left(dV^j\boldsymbol{e}_j + V^j d\boldsymbol{e}_j\right) \\ &= \sum_{j=1}^{2}\left(dV^j e_j + V^j\left[\sum_{k=1}^{2}\omega_{jk}\boldsymbol{e}_k + \omega_{j3}\boldsymbol{e}_3\right]\right) \\ &= \sum_{j=1}^{2}\left(dV^j + V^i\omega_{ij}\right)\boldsymbol{e}_j + \sum_{j=1}^{2}V^j\omega_{j3}\boldsymbol{e}_3 \end{aligned} \tag{2.108}$$

となる．平行移動の条件は，$d\boldsymbol{V}//\boldsymbol{e}_3$ であるから

$$dV^j + V^i\omega_{ij} = 0. \tag{2.109}$$

一方で，$\boldsymbol{V}$ として $\boldsymbol{e}_i$ を考えると

$$d\boldsymbol{e}_i = \Gamma^k_{ij}\boldsymbol{e}_k du^j = \omega_{ik}\boldsymbol{e}_k \tag{2.110}$$

となるので，$\omega_{ik} = \Gamma^k_{ij}du^j$ という関係がある．

よって式 (2.109) は

$$dV^j + V^i\Gamma^j_{il}du^l = 0 \tag{2.111}$$

となり，前出の式 (2.63) と一致する．共変微分は，$d\boldsymbol{V}$ の面内成分だけを取り出し $(d\boldsymbol{V})_{\text{面内}} = \sum_{j=1}^{2} DV^j\boldsymbol{e}_j$ と書くと

$$DV^j = dV^j + V^i\omega_{ij} = dV^j + \Gamma^j_{il}du^l \tag{2.112}$$

となり，前出の式 (2.66) と一致する．

2.2.11 測　地　線

曲面上の曲線 $\left(u^1(t), u^2(t)\right)$ が与えられたとき，孤長 s は，

$$(ds)^2 = g_{ij}\dot{u}^i(t)\dot{u}^j(t)(dt)^2 \tag{2.113}$$

より

$$s = \int_0^t \sqrt{g^{ij}\dot{u}^i\dot{u}^j}\,dt \tag{2.114}$$

で与えられる．この s が最小となる曲線を測地線という．測地線 $u^i(t)$ の形を決めよう．

$$F(u(t),\dot{u}(t)) = \sqrt{g_{ij}(u)\dot{u}^i\dot{u}^j} \tag{2.115}$$

として s の変分をとると，

$$\begin{aligned}\delta s &= \int_0^t \left(\frac{\partial F}{\partial u_i}\delta u^i + \frac{\partial F}{\partial \dot{u}_i}\delta \dot{u}^i\right) dt \\ &= \int_0^t \left\{\frac{\partial F}{\partial u^i} - \frac{d}{dt}\left(\frac{\partial F}{\partial \dot{u}^i}\right)\right\} \delta u^i dt + \left.\frac{\partial F}{\partial \dot{u}^i}\delta u^i\right|_0^t\end{aligned} \tag{2.116}$$

となり，停留性の条件から Euler (オイラー) 方程式

$$\frac{\partial F}{\partial u^i} = \frac{d}{dt}\left(\frac{\partial F}{\partial \dot{u}^i}\right) \tag{2.117}$$

が出てくる．

式 (2.115) の F を代入すると，$\dot{s} = \sqrt{g_{ij}\dot{u}^i\dot{u}^j}$ を用いて

$$\frac{1}{2\dot{s}}\frac{\partial g_{jk}}{\partial u^a}\dot{u}^j\dot{u}^k = \frac{d}{dt}\left(\frac{g_{ij}\dot{u}^j}{\dot{s}}\right) \tag{2.118}$$

となる．右辺は ($i \to a$ に変えて)

$$\frac{1}{\dot{s}}\left(g_{aj}\ddot{u}^j + \frac{\partial g_{aj}}{\partial u^k}\dot{u}^k\dot{u}^j\right) - \frac{\ddot{s}}{\dot{s}^2}g_{aj}\dot{u}^j \tag{2.119}$$

なので結局

$$g_{aj}\ddot{u}^j + \frac{\partial g_{aj}}{\partial u^k}\dot{u}^j\dot{u}^k - \frac{1}{2}\frac{\partial g_{jk}}{\partial u^a}\dot{u}^j\dot{u}^k = \frac{\ddot{s}}{\dot{s}}g_{aj}\dot{u}^j \tag{2.120}$$

を得るが，左辺で j,k の和を入れ換えると

$$g_{aj}\ddot{u}^j + \frac{1}{2}\left(\frac{\partial g_{aj}}{\partial u^k} + \frac{\partial g_{ak}}{\partial u^j} - \frac{\partial g_{jk}}{\partial u^a}\right)\dot{u}^j\dot{u}^k = \frac{\ddot{s}}{\dot{s}}g_{aj}\dot{u}^j, \tag{2.121}$$

つまり

$$\ddot{u}^i + \Gamma^i_{jk}\dot{u}^j\dot{u}^k = \frac{\ddot{s}}{\dot{s}}\dot{u}^i. \tag{2.122}$$

ここで t として s を採用すると，$\ddot{s} = 0$ なので

$$\frac{d^2u^j}{ds^2} + \Gamma^i_{jk}\frac{du^j}{ds}\frac{du^k}{ds} = 0 \tag{2.123}$$

が測地線の方程式となる．

$\frac{du^j}{ds} = v^j$ とすると，ベクトル $v^j \boldsymbol{e}_j$ は接ベクトルであるが，式 (2.123) と等価な方程式

$$\frac{dv^j}{ds} + \Gamma^i_{jk} v^j v^k = 0 \tag{2.124}$$

を満たすとき，測地線に沿って平行移動したものとなる．

2.2.12 球による具体的計算

球を例にとって，いままで述べてきたことを実際に計算してみよう．極座標表示を用いると，

$$\boldsymbol{r}(\theta, \phi) = a(\cos\phi\sin\theta, \sin\phi\sin\theta, \cos\theta) \equiv a\boldsymbol{e}_r \tag{2.125}$$

となる．よって，

$$d\boldsymbol{r} = ad\theta\boldsymbol{e}_\theta + a\sin\theta d\phi\boldsymbol{e}_\phi \equiv \sigma^1\boldsymbol{e}_1 + \sigma^2\boldsymbol{e}_2 \tag{2.126}$$

と書ける．ここで

$$\begin{aligned} \boldsymbol{e}_1 &= \boldsymbol{e}_\theta = (\cos\phi\cos\theta, \sin\phi\cos\theta, -\sin\theta), \\ \boldsymbol{e}_2 &= \boldsymbol{e}_\phi = (-\sin\phi, \cos\phi, 0). \end{aligned} \tag{2.127}$$

これから

$$\boldsymbol{e}_3 = \boldsymbol{e}_1 \times \boldsymbol{e}_2 = (\cos\phi\sin\theta, \sin\phi\sin\theta, \cos\theta) = \boldsymbol{e}_r \tag{2.128}$$

を得る．同等のことは，

$$\begin{aligned} \frac{\partial\boldsymbol{r}(\theta,\phi)}{\partial\theta} &= a\boldsymbol{e}_\theta, \\ \frac{\partial\boldsymbol{r}(\theta,\phi)}{\partial\phi} &= a\sin\theta\boldsymbol{e}_\phi \end{aligned} \tag{2.129}$$

と書き表すこともできる．これから，第一基本形式 I は

$$I = \sigma^1\sigma^1 + \sigma^2\sigma^2 = a^2(d\theta)^2 + a^2\sin^2\theta(d\phi)^2 \tag{2.130}$$

となり第二基本形式 $I\!I$ は $\boldsymbol{e}_3 = \boldsymbol{r}/a$ に注意すると

$$I\!I = -d\boldsymbol{r}\cdot d\boldsymbol{e}_3 = -\frac{1}{a}d\boldsymbol{r}\cdot d\boldsymbol{r} = -\frac{1}{a}(\sigma^1\sigma^1 + \sigma^2\sigma^2) = -\frac{1}{a}I \tag{2.131}$$

を得る．これより，$b_{11} = b_{22} = -\frac{1}{a}$．$E, F, G, L, M, N$ で書くと

$$\begin{aligned} &E = a^2, \quad F = 0, \quad G = a^2\sin^2\theta, \\ &L = -a, \quad M = 0, \quad N = -a\sin^2\theta \end{aligned} \tag{2.132}$$

となる．

次に微分形式を使った議論に沿って計算してみよう．$d\boldsymbol{e}_i$ の外微分をとると

$$\begin{cases} d\boldsymbol{e}_1 = d\theta(-\cos\phi\sin\theta, -\sin\phi\sin\theta, -\cos\theta) + d\phi\cos\theta(-\sin\phi, \cos\phi, 0) \\ \qquad = -d\theta\boldsymbol{e}_3 + d\phi\cos\theta\boldsymbol{e}_2, \\ d\boldsymbol{e}_2 = d\phi(-\cos\phi, -\sin\phi, 0) = d\phi\left(-\cos\theta\boldsymbol{e}_1 - \sin\theta\boldsymbol{e}_3\right), \\ d\boldsymbol{e}_3 = d\theta\boldsymbol{e}_1 + d\phi\sin\theta\boldsymbol{e}_2 \end{cases} \tag{2.133}$$

が得られるので，

$$\begin{cases} \omega_{12} = d\phi\cos\theta, & \omega_{13} = -d\theta, \\ \omega_{21} = -d\phi\cos\theta, & \omega_{23} = -d\phi\sin\theta, \\ \omega_{31} = d\theta, & \omega_{32} = d\phi\sin\theta \end{cases} \tag{2.134}$$

となる．さらに外微分をとると

$$d\omega_{21} = \sin\theta d\theta \wedge d\phi = \omega_{23}\wedge\omega_{31} = \kappa\sigma_1\wedge\sigma_2 \tag{2.135}$$

なので

$$\kappa = \frac{1}{a^2} \qquad (\text{Gauss 曲率}) \tag{2.136}$$

が得られる．計量テンソル g_{ij} と第二基本形式 (2.37) に現れる H_{ij} は

$$g_{11} = a^2, \quad g_{12} = g_{21} = 0, \quad g_{22} = a^2\sin^2\theta, \tag{2.137}$$

$$H_{11} = -a, \quad H_{12} = H_{21} = 0, \quad H_{22} = -a\sin^2\theta \tag{2.138}$$

と求まる．これより

$$\kappa = \frac{\det H}{\det g} = \frac{a^2\sin^2\theta}{a^4\sin^2\theta} = \frac{1}{a^2}, \tag{2.139}$$

$$\lambda_1 = -\frac{1}{a}, \qquad \lambda_2 = -\frac{1}{a} \tag{2.140}$$

が得られる．一方，Christoffel の記号は $g_{22,1} = 2a^2 \sin\theta\cos\theta$ のみが有限なので

$$\begin{aligned} \Gamma^l_{jk} &= \frac{1}{2} g^{li} \left(\delta_{i,2}\delta_{j,2}\delta_{k,1} + \delta_{i,2}\delta_{j,1}\delta_{k,2} - \delta_{i,1}\delta_{j,2}\delta_{k,2}\right) \times a^2 \sin 2\theta \\ &= \frac{a^2}{2} \sin 2\theta \left\{\delta_{l,2}\delta_{j,2}\delta_{k,1} a^2 \sin^2\theta + \delta_{l,2}\delta_{j,1}\delta_{k,2} a^2 \sin^2\theta - \delta_{l,1}\delta_{j,2}\delta_{k,2} a^2\right\} \end{aligned} \tag{2.141}$$

となり，

$$\begin{cases} \Gamma^2_{21} = \Gamma^2_{12} = \frac{\cos\theta}{\sin\theta} = \cot\theta, \\ \Gamma^1_{22} = -\frac{1}{2}\sin 2\theta = -\sin\theta\cos\theta \end{cases} \tag{2.142}$$

$$\begin{aligned} d\omega_{12} &= -\sin\theta d\theta \wedge d\phi = -d\omega_{21}, \\ d\omega_{31} &= 0 = -d\omega_{13}, \\ d\omega_{23} &= -\cos\theta d\theta \wedge d\phi = -d\omega_{31}, \\ d\omega_{12} &= \omega_{13} \wedge \omega_3 \end{aligned} \tag{2.143}$$

などが得られる．

2.2.13 Gauss-Bonnet の定理

いままでの議論は，曲面の微小部分に着目して，その局所的な性質を解析したものであった．この局所的な情報を曲面全体にわたって積分することで，曲面の大域的性質を知ることができる．この項で議論する Gauss-Bonnet (ガウス・ボンネ) の定理は，その代表的なものである．

再び動標構を用いた議論で先に進もう．いままでに出てきた式をまとめておくと，

$$\begin{aligned} &d\boldsymbol{r} = \sigma^1 \boldsymbol{e}_1 + \sigma^2 \boldsymbol{e}_2, \\ &I = (ds)^2 = \sigma^1\sigma^1 + \sigma^2\sigma^2, \\ &d\sigma^i = \sigma^j \wedge \omega_{ji}, \quad \text{つまり} \quad d\sigma^1 = \sigma^2 \wedge \omega_{21} = -\omega_{21} \wedge \sigma^2, \\ &d\sigma^1 \wedge \omega_{12} = -\omega_{21} \wedge \sigma^1, \end{aligned} \tag{2.144}$$

$$d\omega_{21} = \kappa\sigma^1 \wedge \sigma^2$$

などが以下で有用である．

曲面を指定するパラメータ空間である (u^1, u^2) 平面内の領域 A として，滑らかな曲線 $a_1, a_2, \ldots, a_n$ をつないだ境界 ∂A によって囲まれたものを考える (図 2.6 参照).

A にわたる 2 次元積分に Stokes の定理を適用して，

$$\int_A \kappa\sigma^1 \wedge \sigma^2 = \int_A d\omega_{21} = \oint_{\partial A} \omega_{21} \tag{2.145}$$

が得られる．a_i の中の 1 つに着目し，それを $\boldsymbol{r}(u^1(s), u^2(s)) = \boldsymbol{a}(s)$ とする．s は $\boldsymbol{r}$ 空間における孤長になるように選ぶ．つまり

$$\left|\frac{d\boldsymbol{a}(s)}{ds}\right| = \left|\boldsymbol{a}'(s)\right| = 1, \qquad \boldsymbol{a}'(s) = \xi^1 \boldsymbol{e}_1 + \xi^2 \boldsymbol{e}_2, \quad \xi^1\xi^1 + \xi^2\xi^2 = 1 \tag{2.146}$$

を満たす．これに対して $\boldsymbol{l}(s) = -\xi^2 \boldsymbol{e}_1 + \xi^1 \boldsymbol{e}_2$ は $\boldsymbol{a}(s)$ に直交する単位ベクトルとなる．

ここで測地的曲率ベクトル $\boldsymbol{k}_g$ を

$$\boldsymbol{k}_g = \left(\frac{d\xi^1}{ds} + \xi^2 \frac{\omega_{21}}{ds}\right)\boldsymbol{e}_1 + \left(\frac{d\xi^2}{ds} + \xi^1 \frac{\omega_{12}}{ds}\right)\boldsymbol{e}_2 \tag{2.147}$$

と定義する．すると $\xi^1 \frac{d\xi^1}{ds} + \xi^2 \frac{d\xi^2}{ds} = 0$ と $\omega_{12} = -\omega_{21}$ から $\boldsymbol{k}_g \cdot \boldsymbol{a}'(s) = 0$ がただ

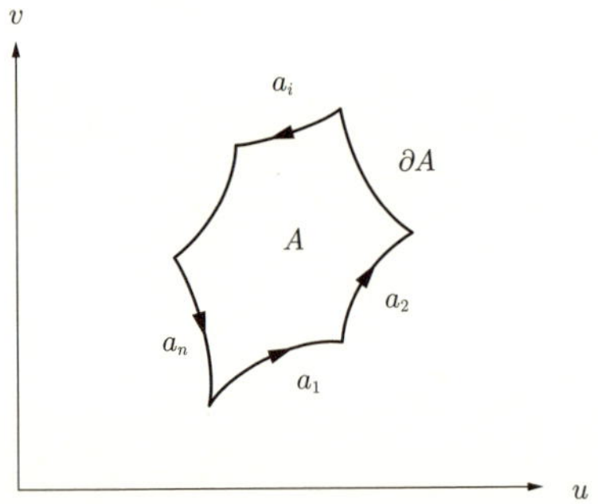

図 **2.6**　パラメータ平面上の領域 A とその境界 ∂A

ちにわかるので，$\boldsymbol{k}_g = k_g \boldsymbol{l}$ となり，

$$
\begin{aligned}
k_g = \boldsymbol{k}_g \cdot \boldsymbol{l} &= \left(\frac{d\xi^1}{ds} + \frac{\omega_{21}}{ds}\xi^2\right)(-\xi^2) + \left(\frac{d\xi^2}{ds} + \frac{\omega_{12}}{ds}\xi^1\right)\xi_1 \\
&= \xi_1 \frac{d\xi^2}{ds} - \xi_2 \frac{d\xi^1}{ds} + \frac{\omega_{12}}{ds}
\end{aligned}
\tag{2.148}
$$

が導かれる．また，測地的曲率ベクトルから導かれる k_g を測地的曲率とよぶ．図 2.7 のように φ を定義すると，$\xi^1 = \cos\varphi, \xi = \sin\varphi$ なので

$$
k_g ds = d\varphi + \omega_{12} \tag{2.149}
$$

が得られる．

ここで，図 2.8 のように a_i と a_{i+1} の結節点における角度の飛びを ε_i を滑らかな曲線 ∂B で置き換え，これにより囲まれた領域を B とすると，$\oint_{\partial B} d\varphi = 2\pi$ と

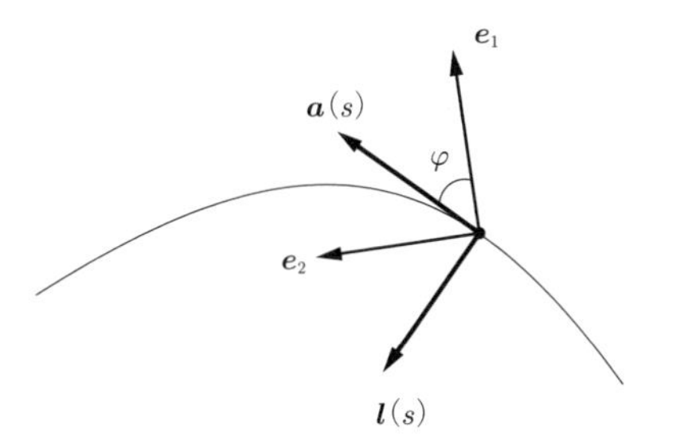

図 **2.7**　曲面上の動標構 $\boldsymbol{e}_1, \boldsymbol{e}_2$ と単位接線ベクトル $\boldsymbol{a}'(s)$ およびそれに直交する単位ベクトル $\boldsymbol{l}(s)$

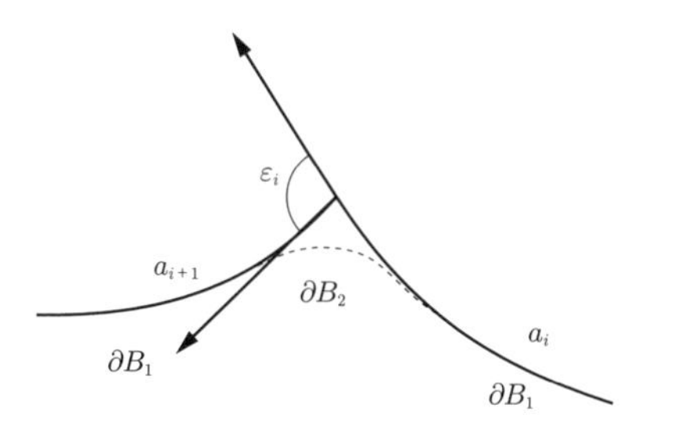

図 **2.8**　a_i と a_{i+1} の結節点における角度の飛び ε_i と滑らかな曲線 $\partial B = \partial B_1 + \partial B_2$ (破線)

なる．ここで ∂B をもとの ∂A に沿う部分 ∂B_1 と，滑らかにするために“丸めた”破線部分の ∂B_2 に分けると

$$\oint_{\partial B_1} d\varphi + \oint_{\partial B_2} d\varphi = 2\pi \tag{2.150}$$

となり，∂B_2 を限りなく小さくしていくと

$$\begin{aligned} \oint_{\partial B_1} d\varphi &\rightarrow \oint_{\partial A} d\varphi, \\ \oint_{\partial B_2} d\varphi &\rightarrow \sum_{j=1}^{n} \varepsilon_j \end{aligned} \tag{2.151}$$

となる．

$\omega_{21} = -\omega_{12} = k_g ds - d\varphi$ を用いると式 (2.145) は

$$\int_A \kappa\sigma^1 \wedge \sigma^2 = -\oint_{\partial A} \omega_{12} = -\oint_{\partial A} (k_g ds - d\varphi) = 2\pi - \sum_{j=1}^{n} \varepsilon_j - \int_{\partial A} k_g ds \tag{2.152}$$

つまり

$$\int_A \kappa\sigma^1 \wedge \sigma^2 + \int_{\partial A} k_g ds = 2\pi - \sum_{j=1}^{n} \varepsilon_j. \tag{2.153}$$

これを Gauss-Bonnet の定理とよぶ．特に測地線上では $k_g = 0$ なので，

$$\int_A \kappa\sigma^1 \wedge \sigma^2 = 2\pi - \sum_{j=1}^{n} \varepsilon_j \tag{2.154}$$

を得る．

次に閉曲面の場合に Gauss-Bonnet の定理を適用する．閉曲面を図 2.9 に示すように三角形に分割し，その 1 つ S_j に対して定理をあてはめると，その内角を $\eta_{j_1}, \eta_{j_2}, \eta_{j_3}$ として

$$\begin{aligned} \int_{S_j} \kappa\sigma^1 \wedge \sigma^2 + \int_{\partial S_j} k_g ds &= 2\pi - (\varepsilon_{j_1} + \varepsilon_{j_2} + \varepsilon_{j_3}) \\ &= 2\pi - (3\pi - \eta_{j_1} + \eta_{j_2} + \eta_{j_3}) \\ &= \eta_{j_1} + \eta_{j_2} + \eta_{j_3} - \pi \end{aligned} \tag{2.155}$$

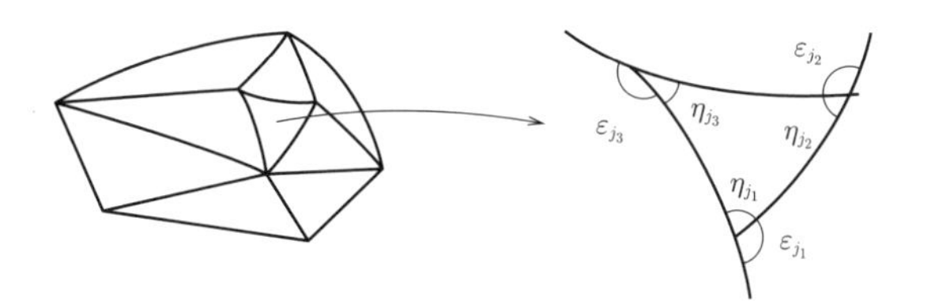

図 2.9　閉曲面の三角形分割

となる．

これをすべての三角形 S_j について和をとると k_g の積分に関しては

$$\sum_{j=1}^{f} \int_{\partial S_j} k_g ds = 0 \tag{2.156}$$

となる (ここで f は三角形の数である)．なぜなら各辺は隣り合った三角形に共有されており，向きが逆向きに定義されるからである．v を頂点の数とすると，各頂点に集まる内角の和は 2π だから

$$\sum_{j=1}^{f} (\eta_{j_1} + \eta_{j_2} + \eta_{j_3}) = 2\pi v \tag{2.157}$$

となり，式 (2.155) から

$$\int_s \kappa\sigma^1 \wedge \sigma^2 = (2v - f)\pi \tag{2.158}$$

が得られる．三角形の分割に対しては e を辺の数として $2e = 3f$ が成立するので

$$2\pi(v - e + f) = \pi(2v - 2e + 2f) = \pi(2v - f) \tag{2.159}$$

となる．

一方でこの $v - e + f \equiv \chi(S)$ は分割の仕方に依らない量 (Euler 数) であることが知られているので，一般の閉曲面に対して

$$\int_s \kappa\sigma^1 \wedge \sigma^2 = 2\pi\chi(S) \tag{2.160}$$

となる．これが閉曲面に対する Gauss-Bonnet の定理である．

Euler 数 $\chi(S)$ は 5 章でホモロジー群を用いて拡張される (定理 5.3)．

例 2.3 四面体 (図 2.10(a)) に対しては

$$v = 4,\ e = 6,\ f = 4,$$
$$\chi(s) = 4 - 6 + 4 = 2 \tag{2.161}$$

八面体 (図 2.10(b)) に対しては

$$v = 5,\ e = 9,\ f = 6,$$
$$\chi(S) = 5 - 9 + 6 = 2 \tag{2.162}$$

となり変化しない．よって球に対しても $\chi(S) = 2$ となる．◁

例 2.4 次にハンドル T を付けることを考える．$\chi(T) = 2$ である．図 2.11 のように三角柱を曲げてもとの閉曲面に付けることを考えると，その際の変化は，v は 6 だけ，e は 6 だけ，f は 4 だけ減ることになる．

$$\chi(S') = \chi(S) + \chi(H) - (6 - 6 + 4) = \chi(S) - 2 \tag{2.163}$$

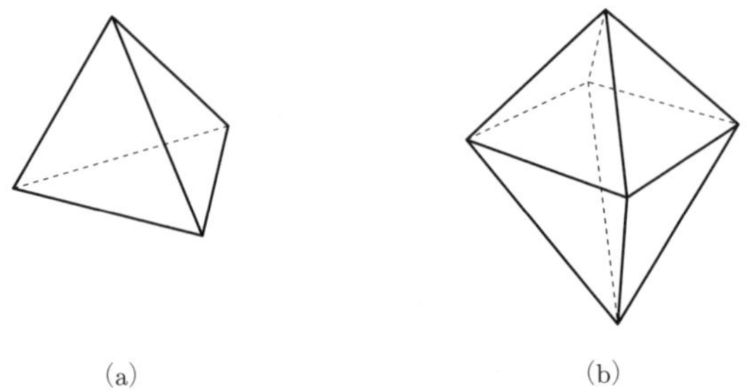

(a)　　(b)

図 2.10　(a) 四面体と (b) 八面体

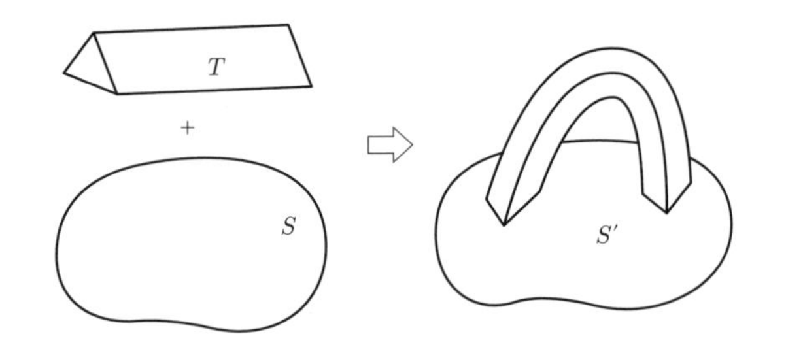

図 2.11　閉曲面 S に三角柱 T を付けて新しい閉曲面 T' をつくる

球の $\chi(S)$ が 2 であることを考えると，ハンドルの数 g (種数とよぶ) を用いて

$$\chi(S) = 2 - 2g \tag{2.164}$$

となることがわかる．◁

例 2.5 次にトーラスに対して Gauss 曲率を具体的に計算し，Gauss-Bonnet の定理を確かめてみよう．まず，先に計算した球の場合の Gauss 曲率は一定値 a^{-2} であったのでただちに $\chi = 2$ が結論される．これに対してトーラスは穴が 1 つ空いているので $\chi = 0$ が予想されるが，これを実際に示す．トーラスは，図 2.12 に示すように

$$\boldsymbol{r}(\theta, \phi) = R(\cos\phi, \sin\phi, 0) + a(\sin\theta\cos\phi, \sin\theta\sin\phi, \cos\theta) \tag{2.165}$$

と表現される．ただし，$-\pi < \theta \leq \pi$ を動く．これが球面との大きな相違である．つまり $R = 0$ とおいても半径 a の球面に戻るわけではなく，$R > a$ の範囲においてのみ上式はトーラスを表している．$0 < \theta \leq \pi$ は外側，$-\pi < \theta \leq 0$ は内側の曲面に対応する．球面のときと同様に，$u^1 = \theta$，$u^2 = \phi$ として，

$$d\boldsymbol{r}(\theta, \phi) = ad\theta\boldsymbol{e}_1 + (R + a\sin\theta)\, d\phi\boldsymbol{e}_2 = \sigma^1\boldsymbol{e}_1 + \sigma^2\boldsymbol{e}_2 \tag{2.166}$$

となる．ここで

$$\boldsymbol{e}_1 = (\cos\theta\cos\phi, \cos\theta\sin\phi, -\sin\theta), \tag{2.167}$$

$$\boldsymbol{e}_2 = (-\sin\phi, \cos\phi, 0), \tag{2.168}$$

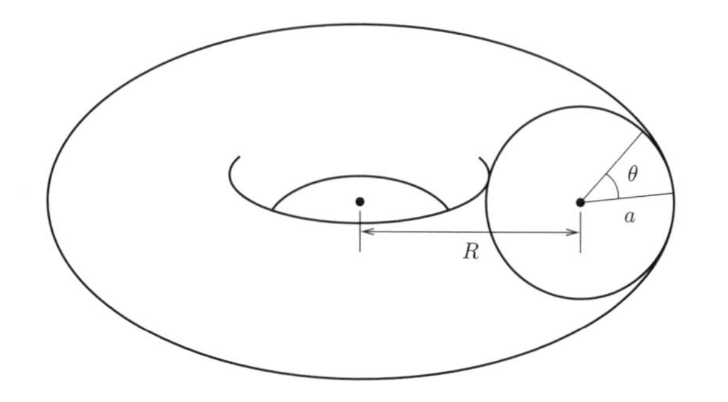

図 **2.12**　トーラスとその断面

$$\sigma^1 = a d\theta, \qquad \sigma^2 = (R + a\sin\theta)\, d\phi \tag{2.169}$$

である．一方，

$$\boldsymbol{n} = \boldsymbol{e}_3 = \boldsymbol{e}_1 \times \boldsymbol{e}_2 = (\sin\theta\cos\phi, \sin\theta\sin\phi, \cos\theta) \tag{2.170}$$

は曲面の法線単位ベクトルである．

第一基本形式 I は

$$I = d\boldsymbol{r}\cdot d\boldsymbol{r} = \sigma^1\sigma^1 + \sigma^2\sigma^2 = a^2\,(d\theta)^2 + (R + a\sin\theta)^2\,(d\phi)^2 \tag{2.171}$$

であり，第二基本形式 $I\!I$ は

$$\begin{aligned} I\!I &= -d\boldsymbol{r}\cdot d\boldsymbol{n} \\ &= -\left(\sigma^1\boldsymbol{e}_1 + \sigma^2\boldsymbol{e}_2\right)\cdot(d\theta\boldsymbol{e}_1 + d\phi\sin\theta\boldsymbol{e}_2) \\ &= -\left(\sigma^1 d\theta + \sigma^2\sin\theta d\phi\right) \\ &= -\left(a\,(d\theta)^2 + (R + a\sin\theta)\sin\theta\,(d\phi)^2\right) \end{aligned} \tag{2.172}$$

となる．これより Gauss 曲率 κ は

$$\kappa = \frac{\det H}{\det g} \tag{2.173}$$

の公式で

$$H = \begin{pmatrix} -a & 0 \\ 0 & -(R + a\sin\theta)\sin\theta \end{pmatrix}, \tag{2.174}$$

$$g = \begin{pmatrix} a^2 & 0 \\ 0 & (R + a\sin\theta)^2 \end{pmatrix} \tag{2.175}$$

を用いると

$$\kappa = \frac{a\,(R + a\sin\theta)\sin\theta}{a^2\,(R + a\sin\theta)^2} = \frac{\sin\theta}{a\,(R + a\sin\theta)} \tag{2.176}$$

ゆえに

$$\kappa\sigma^1\wedge\sigma^2 = \frac{\sin\theta}{a\,(R + a\sin\theta)} a d\theta \wedge (R + a\sin\theta)\, d\phi = \sin\theta d\theta\wedge d\phi \tag{2.177}$$

となり，これをトーラス全体にわたって積分すると

$$\int_{-\pi}^{\pi} d\theta \int_{0}^{2\pi} d\phi \sin\theta = 0 \tag{2.178}$$

を得る．ここで再び θ の積分範囲が $-\pi < \theta \leq \pi$ であることに注意する．θ の正と負の領域が積分で相殺することがわかる．これより

$$\chi = 2 - 2g = 0 \tag{2.179}$$

となり $g = 1$ を得る．　◁

3 多　様　体

3.1 多様体とは

第1章で曲線と曲面の微分幾何学を議論したが，そこでは3次元空間の中の1次元曲線や2次元曲面が対象であった．これからはこの3次元空間を考えることなしに，曲線や曲面だけの情報で図形の性質を調べてゆくことを考えよう．なぜそのような考え方が必要であるかは，例えば重力の理論である一般相対性理論を考えれば理解しやすい．Einstein (アインシュタイン) によると私たちが住んでいる時空は重力の存在下では曲がっており，Euclid (ユークリッド) 空間ではないとされている．3次元空間を知らない2次元曲面に拘束された蟻は2次元の局所的な情報しか知り得ないのだから，その情報だけで幾何学を構成しなければならないであろう．比喩的にいうと，我々は (その住んでいる次元は高くとも) この蟻のような存在なのである．多様体とは大ざっぱにいえば「局所的には n 次元 Euclid 空間のように扱える」ものである．ただし，その次元は曲面の例でいうと2次元であり，それが埋め込まれた3次元空間のそれではない．それをしっかりと定義するためにはまず「位相空間」について述べる必要がある．位相空間は開集合を定義することにより与えられる．1次元の場合には開集合は開区間のことであり，開集合はこれを一般化したものである．すなわち多くの場合，開集合とは境界が含まれないような領域を意味する．このことを以下でより正確に定式化しよう．

集合 M を考え，その元を点とよぶ．その点の間の「つながり」を考えるのが「M の位相」である．もっとも親しみの深いのは2点間の距離であろう．n 次元の Euclid 空間の点が $\boldsymbol{x} = (x_1, x_2, \ldots, x_n)$ と座標の組で指定されたとき，2点 $\boldsymbol{x}_1 = (x^1_{(1)}, \ldots, x^n_{(1)})$ と $\boldsymbol{x}_2 = (x^1_{(2)}, \ldots, x^n_{(2)})$ の距離は，

$$|\boldsymbol{x}_1 - \boldsymbol{x}_2| = \sqrt{\sum_{i=1}^{n} (x^i_{(1)} - x^i_{(2)})^2} \tag{3.1}$$

で与えられる．位相空間の概念は距離が定義されていなくとも定義される，つまり空間のクラスとして位相空間のほうが距離空間よりも広いのであるが，ここでは直観に訴える距離空間に即して理解してもらいたい．

定義 3.1 (位相空間と開集合系) M を集合とし，M の 部分集合を元とする集合 $\mathcal{O}$ を考える．つまり，$\mathcal{O}$ は "集合の集合" である．$\mathcal{O}$ が次の 3 つの条件を満たすとき，$\mathcal{O}$ は M に位相を定めるといい，$\mathcal{O}$ に属する元 (集合) を開集合とよぶ．つまり $\mathcal{O}$ によって M は位相空間となる．

(i) 空集合 $\emptyset$ と M 自身は $\mathcal{O}$ の元である．つまり，$\emptyset \in \mathcal{O}, M \in \mathcal{O}$.

(ii) $\mathcal{O}$ の 2 つの元 U_1, U_2 に対してその共通集合 $U_1 \cap U_2$ も $\mathcal{O}$ に属する．

(iii) $\mathcal{O}$ の任意個の元の和集合も $\mathcal{O}$ に属する．つまり，λ を可算個もしくは非可算個のパラメータとして $U_\lambda \in \mathcal{O}$ ならば $\bigcup_\lambda U_\lambda \in \mathcal{O}$.

距離空間に対しては，開集合の典型例として近傍を次のように定義できる．点 P をベクトル $\boldsymbol{x}$ で表したとき，その近傍は

$$U(P) = \bigl\{\boldsymbol{y} \in M \bigm| |\boldsymbol{y} - \boldsymbol{x}| < \epsilon\bigr\} \tag{3.2}$$

で与えられる．

以上の位相空間と開集合の概念が与えられれば，次の概念が定義される．

定義 3.2 (連続性) M と N を位相空間とし，$f : M \to N$ を両者の間の写像とするとき，f が $x \in M$ で連続であるとは，$f(x)$ を含む任意の開集合 $V \subset N$ に対し，M の開集合 $U \subset M$ が存在し，$x \in U$, $f(U) \subset V$ を満たすことをいう．f がすべての $x \in M$ に対して連続であるとき，f を連続写像とよぶ．

定義 3.3 (閉集合) $M - A$ が開集合であるとき，A を閉集合という．これは逆に「境界を含む集合」と考えてよい．

定義 3.4 (コンパクトな集合) 集合 A が無限個の開集合 U_λ により覆われる，つまり $A \subset \bigcup_\lambda U_\lambda$ が成立する場合を考える．このとき，その中の有限個の U_λ ($i = 1, \ldots, m$) で覆うことができる，つまり $A \subset \bigcup_{i=1}^{m} U_{\lambda_i}$ であるとき，A をコンパクトな集合とよぶ．有限次元 (n 次元) の Euclid 空間 $\mathbb{R}^n$ では，コンパクト集合とは有界閉集合のことである．

以上の準備をもとに，微分可能多様体の定義をする．

定義 3.5 (微分可能多様体) M が n 次元微分可能多様体であるとは以下の条件を満たすことを意味する.

(i) M は位相空間である.

(ii) M は開集合の集まり $\{U_i\}$ によって覆われ, 各 U_i は n 次元 Euclid 空間 $\mathbb{R}^n$ の開集合 D_i と同相である. つまり $D_i \subset \mathbb{R}^n$ に対して写像 $\varphi_i : D_i \to U_i$ が存在し $\boldsymbol{x} = (x^1, \ldots, x^n) \in D_i$ に対して $\varphi_i(\boldsymbol{x}) = P \in U_i$ となるようにできる. このとき $\boldsymbol{x}$ を U_i での局所座標という. φ_i の逆写像を ϕ_i とする. つまり $\phi_i : U_i \to D_i$, $\phi_i(P) = \boldsymbol{x}$ (図 3.1 参照).

(iii) $U_i \cap U_j \neq \emptyset$ である任意の U_i, U_j に対し写像 $\phi_j \circ \phi_i{}^{-1} : \phi_i(U_i \cap U_j) \to \phi_j(U_i \cap U_j)$ は 1 対 1 であり無限回微分可能である (図 3.2 参照).

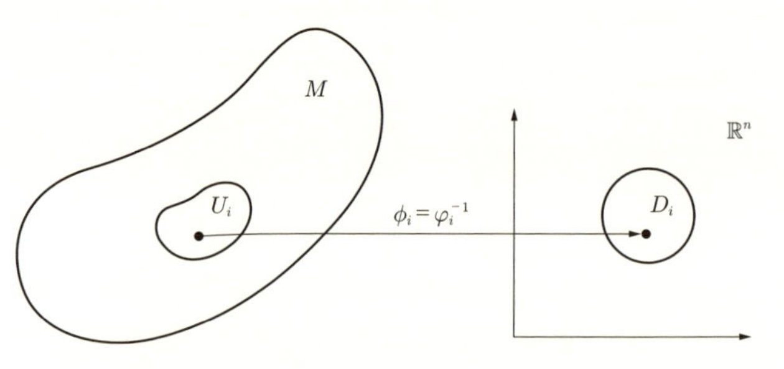

図 **3.1**　多様体 M と Euclid 空間 $\mathbb{R}^n$ の対応

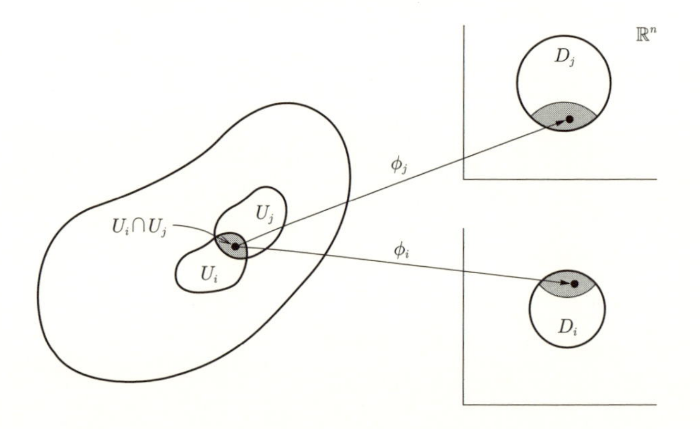

図 **3.2**　重なり $U_i \cap U_j$ における 2 つの局所座標 ϕ_i, ϕ_j

n 次元多様体とは，局所的領域では $\mathbb{R}^n$ とみなせると，その領域を滑らかに貼り合わせたものである．

「連結である」とは，集合 M が 2 つの共通点のない開集合に分割されないことをいう．「向き付け可能」とは，座標近傍系 $\{(U_i, \phi_i)\}$ があって，$U_i \cap U_j \neq \emptyset$ である任意の i, j に対して，$\boldsymbol{x} = \phi_i(P), \boldsymbol{y} = \phi_j(P)$ の間に

$$\left| \frac{\partial(y^1, \ldots, y^n)}{\partial(x^1, \ldots, x^n)} \right| > 0 \tag{3.3}$$

が常に成立する場合をいう．ここで$|\quad|$は行列式を意味する．この条件は，図形的には右手系の座標系をつないでいっても矛盾なく多様体を覆いつくせること，あるいは法線ベクトルが多様体上の各点で一意に定まることを意味する．図 3.3 に示す Möbius (メビウス) の帯では一周すると法線ベクトルの向きが逆転することになり，向き付けが可能でない多様体の代表例となっている．

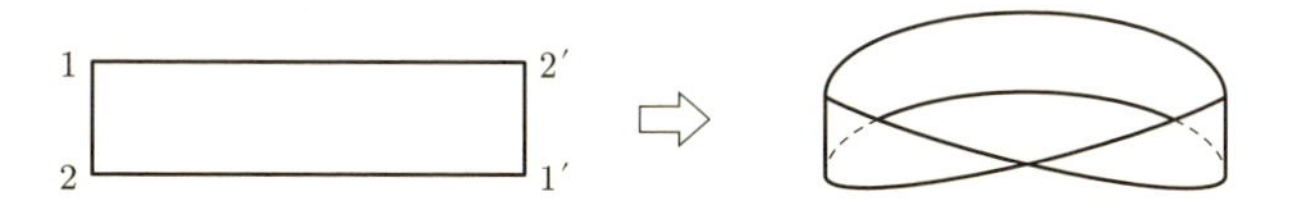

図 3.3　Möbius の帯．1 と 1′，2 と 2′ を張り合わせると，ねじれた帯がつくれる．この図形では表と裏がない．

3.2 接　空　間

3.2.1 接ベクトル空間

多様体の概念が，曲線や曲面だけの情報で幾何学を構成するということにあるのに対応して，接ベクトルも 3 次元空間のそれではなくて，多様体の次元の中で考える必要がある．そのために，「接ベクトルを微分演算子として定義する」という考えが出てくる．ベクトルが演算子というのは奇異に思えるかもしれないので，まずこの事情を曲面に即して説明しておこう．3 次元の位置ベクトル $\boldsymbol{r} = (x^1, x^2, x^3)$ として曲面を 2 つのパラメータ u, v で表そう：

$$\boldsymbol{r} = \boldsymbol{r}(u, v). \tag{3.4}$$

いま，関数 $f(\boldsymbol{r})$ を考えて，それから曲面上での定義された関数 $f(u, v) = f(\boldsymbol{r}(u, v))$

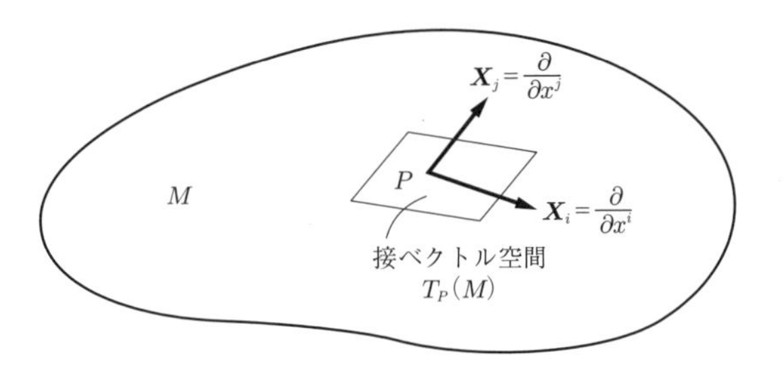

図 **3.4**　多様体 M 上の点 P における接ベクトル空間 $T_P(M)$ と自然標構 $\boldsymbol{X}_i$

をつくると，その変化分は

$$df(u,v) = \frac{\partial f}{\partial u}du + \frac{\partial f}{\partial v}dv = \sum_{\alpha=1}^{3}\left(du\frac{\partial x^\alpha}{\partial u}\frac{\partial f}{\partial x^\alpha} + dv\frac{\partial x^\alpha}{\partial v}\frac{\partial f}{\partial x^\alpha}\right) \tag{3.5}$$

となる．ここで $\frac{\partial x^\alpha}{\partial u}$ と $\frac{\partial x^\alpha}{\partial v}$ がそもそもの接ベクトルとされてきたもの (の成分) であるが，その代わりに $\frac{\partial}{\partial u}$ と $\frac{\partial}{\partial v}$ をベクトルとして定義しようというわけである．

この考察を一般化して n 次元多様体上の点 $P \in M$ に対し，その近傍 U，座標系を $\boldsymbol{x} = (x^1, \ldots, x^n)$ とする．P における 1 次微分作用素

$$X_P = \sum_{i=1}^{n} a^i(x)\left(\frac{\partial}{\partial x^i}\right)_P \tag{3.6}$$

を考えると，これは n 次元の線形ベクトル空間をつくる．$a^i(x)$ は，座標 $x = \{x^j\}$ の関数である．これを $T_P(M)$ と書き，接空間とよぶ．図 3.4 にその概念図を示した．$\boldsymbol{X}_i = \left(\frac{\partial}{\partial x^i}\right)_P$ を座標系 $\boldsymbol{x} = (x^1, \ldots, x^n)$ に対する自然標構という．

座標変換 $\boldsymbol{x} \to \boldsymbol{y}$ を考えたとき，$\bar{\boldsymbol{X}}_j = \left(\frac{\partial}{\partial y_j}\right)_P$ として

$$\boldsymbol{X}_i = \frac{\partial}{\partial x^i} = \frac{\partial y^i}{\partial x^i}\frac{\partial}{\partial y^i} = \frac{\partial y^j}{\partial x^i}\bar{\boldsymbol{X}}_j \tag{3.7}$$

という関係がある．$\sum_i a^i \boldsymbol{X}_i = \sum_j \bar{a}^j \bar{\boldsymbol{X}}_j$ より $\bar{a}^j = \sum_i a^i \frac{\partial y^j}{\partial x^i}$ となる．このような変換則を満たす量を，反変ベクトルという．

例 3.1 [球面の接ベクトル空間] 多様体の接ベクトル空間として，2 章でも調べた球面を例にとって考えてみよう．半径は 1 とし，極座標 $x^1 = \theta, x^2 = \phi$ とする．この座標系に対する自然標構は，

$$X_1 = \frac{\partial}{\partial\theta}, \quad X_2 = \frac{\partial}{\partial\phi} \tag{3.8}$$

となる．これを 2.2.12 項で現れた接ベクトル空間の 2 つの基底ベクトル $\boldsymbol{e}_\theta, \boldsymbol{e}_\phi$ (式 (2.127)) とを比較すると

$$\boldsymbol{e}_\theta \longleftrightarrow \frac{\partial}{\partial\theta}, \tag{3.9a}$$

$$\boldsymbol{e}_\phi \longleftrightarrow \frac{1}{\sin\theta}\frac{\partial}{\partial\phi} \tag{3.9b}$$

の対応関係がある． ◁

3.2.2 双　対　空　間

次に $T_P(M)$ の双対空間 $T_P^*(M)$ を考える．

$\varphi \in T_P^*(M)$ は写像 $\varphi : T_P(M) \to \mathbb{R}$ であり $X_P \in T_P(M)$ に対して $\varphi(X_P) = \langle\varphi, X_P\rangle$ と書く．$\boldsymbol{X}_i = \left(\frac{\partial}{\partial x^i}\right)_P$ に対する双対基底を $\boldsymbol{f}^i$ とすると $\boldsymbol{y}$ に対する $\bar{\boldsymbol{f}}^i$ は $\bar{\boldsymbol{f}}^i = \sum_j \left(\frac{\partial y^i}{\partial x^j}\right)_P \boldsymbol{f}^j$ という変換に従う．このような変換則に従うベクトルを共変ベクトルとよぶ．つまり $T_P^*(M)$ の元は共変ベクトルである．

関数 F に対して $\left(\frac{\partial F}{\partial x^i}\right)_P \boldsymbol{f}^i \in T_P^*(M)$ を考えると

$$\left(\frac{\partial F}{\partial x^i}\right)_P \boldsymbol{f}^i = \left(\frac{\partial F}{\partial y^j}\right)_P \left(\frac{\partial y^j}{\partial x^i}\right)_P \boldsymbol{f}^i = \left(\frac{\partial F}{\partial y^j}\right)_P \bar{\boldsymbol{f}}^j \tag{3.10}$$

となり座標に依らない．これを関数 F の P における微分と定義し $(dF)_P$ と書く．特に $F = x^i$ のとき，$dx^i = \boldsymbol{f}^i$ を得るので

$$(dF)_P = \left(\frac{\partial F}{\partial x^i}\right)_P (dx^i)_P \tag{3.11}$$

となり，これは 1 形式であることがわかる．

$\boldsymbol{X}_i = \left(\frac{\partial}{\partial x^i}\right)_P$ と $\boldsymbol{f} = dx^i$ が双対基底なので

$$\left\langle (dx^i)_P, \left(\frac{\partial}{\partial x^j}\right)_P \right\rangle = \delta^i_j \tag{3.12}$$

$A = \sum_i a_i dx^i \in T_P^*(M), \quad B = \sum b^j \frac{\partial}{\partial x^j} \in T_P(M)$ に対し

$$\langle A, B\rangle = \left\langle \sum_i a_i dx^i, \sum_j b^j \frac{\partial}{\partial x^j} \right\rangle = \sum_i a_i b^j \tag{3.13}$$

特に

$$\left\langle (dF)_P, \sum_j b^j \left(\frac{\partial}{\partial x^j}\right)_P \right\rangle = \sum_j b^j \left(\frac{\partial F}{\partial x^j}\right)_P \tag{3.14}$$

となる．この $\langle\, ,\, \rangle$ は内積とよばれる．

例 3.2 再び球面について双対基底について考えよう．$dx^1 = d\theta, dx^2 = d\phi$ に対して，$\boldsymbol{e}_\theta, \boldsymbol{e}_\phi$ の転置ベクトルを ${}^t\boldsymbol{e}_\theta, {}^t\boldsymbol{e}_\phi$ とすると，

$${}^t\boldsymbol{e}_\theta \longleftrightarrow d\theta, \tag{3.15a}$$

$${}^t\boldsymbol{e}_\phi \longleftrightarrow \sin\theta d\phi \tag{3.15b}$$

の対応関係がある．◁

3.2.3 テ ン ソ ル

上で反変ベクトルと共変ベクトルを定義したが，さらに一般化して (a,b) 型テンソルを導入する．(a,b) 型テンソル空間とは，ベクトル空間 $(T_P(M))$ とその双対空間 $T_P^*(M)$ に対して

$$T_b^a : \underbrace{T_P(M) \otimes \cdots \otimes T_P(M)}_{a\ 個} \otimes \underbrace{T_P^*(M) \otimes \cdots \otimes T_P^*(M)}_{b\ 個} \to \mathbb{R} \tag{3.16}$$

のことをいう．ここで $\otimes$ はベクトル空間の直積である．座標表示すると

$$T_b^a = \sum T^{i_1\cdots i_a}_{j_1\cdots j_b} \left(\frac{\partial}{\partial x^{i_1}} \otimes \cdots \otimes \frac{\partial}{\partial x^{i_a}}\right) \otimes \left(dx^{j_1} \otimes \cdots \otimes dx^{j_b}\right) \tag{3.17}$$

となる．T_b^a のつくる線形空間を $T_b^a(M)$ と書く．

$\bar{\mu} \in T_b^a(M)$ と $\nu \in T_s^r(M)$ のテンソル積 $\mu \otimes \nu \in T_{b+s}^{a+r}(M)$ を

$$\begin{aligned}\mu \otimes \nu = \sum T^{i_1\cdots i_a}_{j_1\cdots j_b} S^{i_{a+1}\cdots i_{a+r}}_{j_{b+1}\cdots j_{b+s}} \frac{\partial}{\partial x^{i_1}} \otimes \cdots \otimes \frac{\partial}{\partial x^{i_a}} \otimes \frac{\partial}{\partial x^{i_{a+1}}} \otimes \cdots \otimes \frac{\partial}{\partial x^{i_{a+r}}} \\ \otimes dx^{j_1} \otimes \cdots \otimes dx^{j_b} \otimes dx^{j_{b+1}} \otimes \cdots \otimes dx^{j_{b+s}}\end{aligned} \tag{3.18}$$

テンソルの縮約とは $T \in T_b^a(M)$ から $\tilde{T} \in T_{b-1}^{a-1}(M)$ を

$$\tilde{T}^{i_1\cdots i_{p-1} i_{p+1}\cdots i_a}_{j_1\cdots j_{p-1} j_{p+1}\cdots j_b} \equiv \sum_k T^{i_1\cdots i_{p-1} k i_{p+1}\cdots i_a}_{j_1\cdots j_{p-1} k j_{p+1}\cdots j_b} \tag{3.19}$$

によってつくる手続きをいう．

ここでベクトルと p 形式の縮約をもう少し具体的に考えてみよう．ω が 1 形式の場合は先に定義したように

$$\omega(V) = \langle \omega, V \rangle \tag{3.20}$$

が実数となる．p が 2 以上の場合には $(p-1)$ 形式 $[i(V)\omega] = \omega(V)$ を

$$[i(V)\omega](X_2, \ldots, X_p) = [\omega(V)](X_2, \ldots, X_p) = \omega(V, X_2, \ldots, X_p) \tag{3.21}$$

によって定義すればよい．例えば a,b を 1 形式として $\omega = a \wedge b$ の場合には

$$i(V)(a \wedge b) = (a \wedge b)(V) = a(V)b - ab(V) \tag{3.22}$$

となる．ここで $a(V)$，$b(V)$ は実数である．

3.2.4　多様体上の微分形式

ここで多様体上での微分形式について，成分に依らない性質を述べておこう．まず外微分については k 形式 $\omega \in A^k(M)$ に対して $(k+1)$ 形式 $d\omega \in A^{k+1}(M)$ はベクトル場 $X_1, X_2, \ldots, X_{k+1}$ からスカラー関数への写像であり，

$$\begin{aligned}
&[d\omega](X_1, X_2, \ldots, X_{k+1}) \\
&\quad = \sum_{i=1}^{k+1} (-1)^{i+1} X_i[\omega(X_1, \ldots, \hat{X}_i, \ldots, X_{k+1})] \\
&\qquad + \sum_{i<j} (-1)^{i+j} \omega([X_i, X_j], X_1, \ldots, \hat{X}_i, \ldots, \hat{X}_j, \ldots, X_{k+1})
\end{aligned} \tag{3.23}$$

と一般に書ける．$\hat{X}_i$ はそこだけ抜けていることを意味し，$[X_i, X_j] = X_iX_j - X_jX_i$ は交換子で，一階微分演算子，つまり反変ベクトルである．例えば，$k=1$ の場合には

$$[d\omega](X, Y) = X\omega(Y) - Y\omega(X) - \omega([X, Y]). \tag{3.24}$$

これらの式は次のようにして理解すればよい．まず式 (3.24) で，f をスカラー関数として，$X \to fX$ としたときに，$\omega(fX) = f\omega(X)$，$[fX, Y] = f[X, Y] - (Yf)X$，な

どに注意すると $[d\omega](fX,Y) = f[d\omega](X,Y)$ であることを示せるが，その際に右辺第 3 項の寄与が本質的であることがわかる．同様に式 (3.23) においても $X_i \to fX_i$ の変換で $d\omega \to fd\omega$ となることがわかる．そこで，X_i として互いに可換な基底ベクトル $\frac{\partial}{\partial x^i}$ をもってきても一般性を失わない．このベクトルに対して式 (3.23) を確かめるのは容易なので読者への宿題とする．

3.3 Lie 微 分

M のある近傍 U でベクトル場 $\boldsymbol{V}$ が与えられているとする．局所座標を $\boldsymbol{x} = (x^1,\ldots,x^n)$ として

$$\boldsymbol{V} = \sum_{i=1}^{n} V^i \frac{\partial}{\partial x^i} \tag{3.25}$$

としたとき，微分方程式

$$\frac{dX^i}{dt} = V^i \quad (i = 1,\ldots,n) \tag{3.26}$$

を $x^i(t=0) = x^i$ の初期条件で解いた解を

$$x^i(t) = f^i(t,\boldsymbol{x}) = f^i(t,x^1,\ldots,x^n) = f^i_t(\boldsymbol{x}) \tag{3.27}$$

とし，これを V の積分曲線とよぶ．ここで積分曲線のパラメータに関する微分は

$$\frac{d}{dt} = \sum_{i=1}^{n} \frac{\partial x^i}{\partial t}\frac{\partial}{\partial x^i} = V^i \frac{\partial}{\partial x^i} \tag{3.28}$$

となり接空間のベクトル V であることに注意してほしい．つまり接ベクトル場と積分曲線は 1 対 1 対応しているのである (図 3.5 参照)．ここで Lie (リー) 移動を定義しよう．まずスカラー関数 $f(x^1,\ldots,x^n)$ の Lie 移動は $f(x^i(t))$ から $f(x^i(t+\Delta t))$ への変化を意味する．次に V とは別のベクトル場 $U = \frac{d}{ds} = \sum_{i=1}^{n} U^i \frac{\partial}{\partial x^i}$ を考え，このベクトル場を V に沿って Lie 移動することを次のように定義する．図 3.6 に示すように，2 つのベクトル場の積分曲線群は交わっている．縦方向には V の積分曲線群，横方向には U の積分曲線群が走っているとする．このとき，1 つの U の積分曲線 C 上の点は，何本もの V の積分曲線群を横切ることになるが，それぞれの交点から等しい Δt だけパラメータを変化させて点を移動すると，C' を描く．

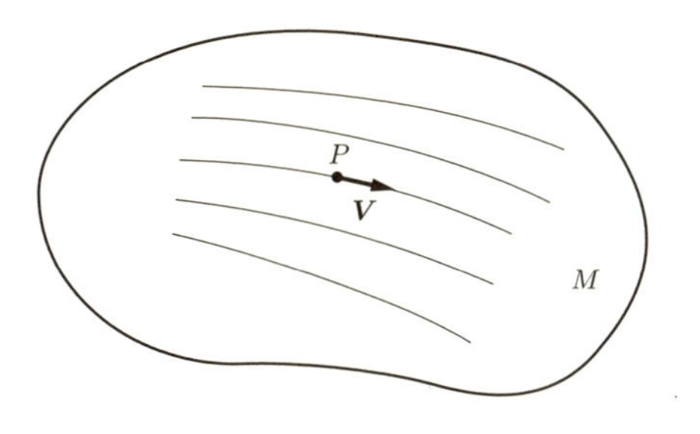

図 3.5　ベクトル場 $\boldsymbol{V}$ の積分曲線

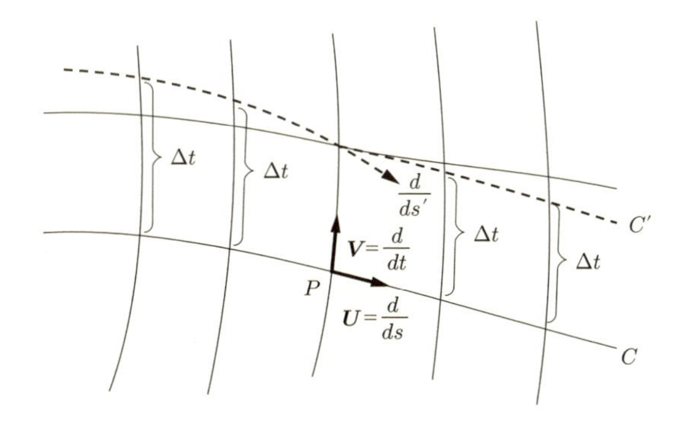

図 3.6　2つのベクトル場 U，V の積分曲線と Lie 移動

この曲線 C' は新たなベクトル場 $\frac{d}{ds'}$ を定義するがこれをベクトル場 V によって U が Lie 移動された像とよぶ．以上のつくり方より，$[\frac{d}{ds'}, \frac{d}{dt}] = 0$ がいえることは明らかであろう．しかしもちろんこの $\frac{d}{ds'}$ は，$t+\Delta t$ で定義されたもとの U とは一般に異なる．逆に Lie 移動によって異なる点におけるベクトルを比較することができるので微分演算を定義できるのである．これを Lie 微分とよぶ．

以下，その具体形を見ていこう．いまの V の積分曲線上で $t+\Delta t$ の点におけるスカラー $f(x^i(t+\Delta t))$ やベクトル $U(t+\Delta t)$ と t における $f(x^i(t))$ や $U(t)$ を比較するためには，前者を t に対応する点まで Lie 移動する必要がある．スカラーの移動は簡単である．つまりスカラーは変換しないから $f^*(t) = f(x^i(t+\Delta t))$ となる．一方，Lie 移動した後のベクトル $U^* = \frac{d}{ds^*}$ は，$U^*(t+\Delta t) = U(t+\Delta t)$ を初期条件として $[U^*(t'), V] = \left[\frac{d}{ds^*}|_{t'}, \frac{d}{dt}\right] = 0$ を満たしながら $t' = t+\Delta t$ から $t' = t$ へと動かした結果として得られるものである．

さて，接ベクトルが微分演算子であることを思い出すと，スカラー関数 f への作用を考えて

$$\begin{aligned} U^* f\Big|_t &= \frac{d}{ds^*} f\Big|_t \\ &= \frac{d}{ds^*} f\Big|_{t+\Delta t} - \Delta t \frac{d}{dt}\left(\frac{d}{ds^*} f\right)\Big|_t + O\big((\Delta t)^2\big) \\ &= \frac{d}{ds} f\Big|_{t+\Delta t} - \Delta t \frac{d}{ds^*}\left(\frac{d}{dt} f\right)\Big|_t + O\big((\Delta t)^2\big) \\ &= \frac{d}{ds} f\Big|_t + \Delta t \frac{d}{dt}\left(\frac{d}{ds} f\right)\Big|_t - \Delta t \frac{d}{ds}\left(\frac{d}{dt} f\right)\Big|_t + O\big((\Delta t)^2\big) \end{aligned} \tag{3.29}$$

となる．以上の結果より，まずスカラー場 f の V に沿っての Lie 微分を

$$\mathcal{L}_V(f) \equiv \lim_{\Delta t \to 0} \frac{1}{\Delta t}(f^*|_t - f|_t) \tag{3.30}$$

で定義すると，

$$\mathcal{L}_V(f) = \lim_{\Delta t \to 0} \frac{1}{\Delta t}\big(f(t+\Delta t) - f(t)\big) = \frac{d}{dt} f = \sum_{i=1}^{n} V^i \frac{\partial}{\partial x^i} f = V f \tag{3.31}$$

となる．一方のベクトル場 U の V に沿っての Lie 微分は同様に

$$\mathcal{L}_V(U) \equiv \lim_{\Delta t \to 0} \frac{1}{\Delta t}(U^*|_t - U|_t) \tag{3.32}$$

で定義され，上の計算から

$$\mathcal{L}_V(U) = \left[\frac{d}{dt}, \frac{d}{ds}\right] = [V, U] \tag{3.33}$$

となる．Lie 微分はいくつかの性質を満たす．まず，

$$[\mathcal{L}_V, \mathcal{L}_W] = \mathcal{L}_{[V,W]} \tag{3.34}$$

がいえる．これはまずスカラー関数に対しては $[\mathcal{L}_V, \mathcal{L}_W]f = (VW - WV)f = [V,W]f = \mathcal{L}_{[V,W]} f$ であるし，ベクトル場 U に対しては

$$\begin{aligned} [\mathcal{L}_V, \mathcal{L}_W]U &= \mathcal{L}_V \mathcal{L}_W U - \mathcal{L}_W \mathcal{L}_V U \\ &= \mathcal{L}_V [W,U] - \mathcal{L}_W [V,U] = [V,[W,U]] - [W,[V,U]] = [[V,W],U] \end{aligned} \tag{3.35}$$

となることから示せる．ここで最後の変形は，交換子に関する恒等式

$$[V_1,[V_2,V_3]]+[V_2,[V_3,V_1]]+[V_3,[V_1,V_2]]=0 \tag{3.36}$$

を使った．またこれより Lie 微分に関する Jacobi (ヤコビ) の恒等式

$$[\mathcal{L}_{V_1},[\mathcal{L}_{V_2},\mathcal{L}_{V_3}]]+[\mathcal{L}_{V_2},[\mathcal{L}_{V_3},\mathcal{L}_{V_1}]]+[\mathcal{L}_{V_3},[\mathcal{L}_{V_1},\mathcal{L}_{V_2}]]=0 \tag{3.37}$$

も簡単に導ける．またスカラー場 f とベクトル場 U に対して Leibniz (ライプニッツ) 則

$$\mathcal{L}_V(fU)=(\mathcal{L}_V f)U+f\mathcal{L}_V U \tag{3.38}$$

が成立する．なぜなら fU もベクトルであることから

$$\mathcal{L}_V(fU)=[V,fU]=(Vf)U+f[V,U]=(\mathcal{L}_V f)U+f\mathcal{L}_V U \tag{3.39}$$

であるから．

さて，次に微分 1 形式 ω の Lie 微分を定義しよう．そのためには $\omega(W)$ がスカラー場であることと，Leibniz 則

$$\mathcal{L}_V(\omega(W))=(\mathcal{L}_V\omega)(W)+\omega(\mathcal{L}_V W) \tag{3.40}$$

を要請することで十分である．つまり

$$(\mathcal{L}_V\omega)(W)=V(\omega(W))-\omega([V,W]) \tag{3.41}$$

となって，これを座標成分で書くと $\omega=\sum_{i=1}^{n}\omega_i dx^i$, $W=\sum_{i=1}^{n}W^i\frac{\partial}{\partial x^i}$, $\mathcal{L}_V W=[V,W]=\sum_{i=1}^{n}\left(\sum_{j=1}^{n}V^j\frac{\partial W^i}{\partial x^j}-W^j\frac{\partial V^i}{\partial x^j}\right)\frac{\partial}{\partial x^i}$, $\mathcal{L}_V\omega=\sum_{i=1}^{n}(\mathcal{L}_V\omega)_i dx^i$ として

$$\begin{aligned}\sum_{i=1}^{n}(\mathcal{L}_V\omega)_i W^i&=\sum_{j=1}^{n}V^j\frac{\partial}{\partial x^j}\left(\sum_{i=1}^{n}\omega_i W^i\right)-\sum_{i=1}^{n}\omega_i\left(\sum_{j=1}^{n}\left[V^j\frac{\partial W^i}{\partial x^j}-W^j\frac{\partial V^i}{\partial x^j}\right]\right)\\&=\sum_{i=1}^{n}W^i\left(\left[\sum_{j=1}^{n}V^j\frac{\partial\omega_i}{\partial x^j}+\omega_j\frac{\partial V^j}{\partial x^i}\right]\right)\end{aligned} \tag{3.42}$$

となる．つまり

$$(\mathcal{L}_V\omega)_i=\sum_{j=1}^{n}\left(V^j\frac{\partial\omega_i}{\partial x^j}+\omega_j\frac{\partial V^j}{\partial x^i}\right) \tag{3.43}$$

を得る．

任意のテンソルに対する Lie 微分は，Leibniz 則

$$\mathcal{L}_V(S \otimes T) = \mathcal{L}_V(S) \otimes T + S \otimes \mathcal{L}_V(T) \tag{3.44}$$

を用いれば，上記の組合せで計算できる．

以上に述べた内容と同じであるが，少し違う形で Lie 微分を書いておこう．ベクトル場 V による積分曲線に沿って点を動かすことは，パラメータ t に依存する多様体から多様体への写像と考えることができる．これを $\boldsymbol{X} = \boldsymbol{f}_t(\boldsymbol{x})$ と書くと，$\boldsymbol{x}$ から $\boldsymbol{X}$ への変換を与えるが，その逆変換 $\boldsymbol{x} = \boldsymbol{f}_{-t}(\boldsymbol{X})$ を用いると，テンソル $T(X)$ をその変換則に従って $\boldsymbol{x}$ へ移すことができる．これを $f_{-t}(T(X))$ と書いた．微分形式の場合には 1.5 節で議論した変換にほかならない．この変換を使うことでテンソル T の V に沿っての Lie の微分は，

$$\mathcal{L}_V(T) \equiv \lim_{t\to 0} \frac{1}{t}\big(f_{-t}(T(X)) - T(X)\big) \tag{3.45}$$

で定義される．

例 3.3 スカラー関数 $\varphi(\boldsymbol{x})$ の Lie 微分

$X^i = x^i + v^i t + O(t^2)$ であるから

$$f_{-t}(\varphi(x)) = \varphi(x^i + v^i t) = \varphi(x^i) + tv^i \frac{\partial}{\partial x^i}\varphi + O(t^2) \tag{3.46}$$

ゆえに

$$\mathcal{L}_v(\varphi) = \lim_{t\to 0} \frac{1}{t} \cdot tv^i \frac{\partial \varphi}{\partial x^i} = v^i \frac{\partial \varphi}{\partial x^i} \tag{3.47}$$

◁

例 3.4 反変ベクトル $U = (u^i)$ の Lie 微分

$$\begin{aligned} U(X) &= u^j(X)\frac{\partial}{\partial X^j} = u^j(x^l + u^l t)\frac{\partial x^i}{\partial X^j}\frac{\partial}{\partial x^i} \\ &= \left(u^j(\boldsymbol{x}) + u^l \frac{\partial u^j}{\partial x^l} t\right)\left(\delta^i_j - t\frac{\partial v^i}{\partial x^j}\right)\frac{\partial}{\partial x^i} + O(t^2) \\ &= u^j(\boldsymbol{x})\frac{\partial}{\partial x^j} - tu^j \frac{\partial v^i}{\partial x^j}\frac{\partial}{\partial x^i} + tv^l \frac{\partial u^i}{\partial x^l}\frac{\partial}{\partial x^i} + O(t^2) \\ &= u^i \frac{\partial}{\partial x^i} + t\left(v^j \frac{\partial u^i}{\partial x^j} - u^j \frac{\partial v^i}{\partial x^j}\right)\frac{\partial}{\partial x^i} + O(t^2) \end{aligned} \tag{3.48}$$

よって

$$\mathcal{L}_V(U) = \left(v^j \frac{\partial u^i}{\partial x^j} - u^j \frac{\partial v^i}{\partial x^j}\right)\frac{\partial}{\partial x^i} \tag{3.49}$$

一方 $U = u^i \frac{\partial}{\partial x^i}$, $V = v^j \frac{\partial}{\partial x^j}$ から両者の交換子をつくると

$$[U, V] = UV - VU = u^i \frac{\partial}{\partial x^i}\left(v^j \frac{\partial}{\partial x^j}\right) - v^i \frac{\partial}{\partial x^i}\left(u^j \frac{\partial}{\partial x^j}\right) = u^j \frac{\partial v^j}{\partial v^i}\frac{\partial}{\partial x^j}$$

$$= \left(u^j \frac{\partial v^i}{\partial x^j} - v^j \frac{\partial u^i}{\partial x^j}\right)\frac{\partial}{\partial x^i} \tag{3.50}$$

なので，$\mathcal{L}_V(U) = [V, U]$ となる． ◁

例 3.5 共変ベクトル $W = w_i dx^i$ の Lie 微分

$$w_i(X)dX^i = w_i(x^l + tu^l)\left(dx^i + t\frac{\partial v^i}{\partial x^j}dx^j\right) = \left(w_i + tv^l\frac{\partial w_i}{\partial x^l}\right)\left(dx^i + t\frac{\partial v^i}{\partial x^j}dx^j\right)$$

$$= w_i dx^i + t\left(v^l \frac{\partial w_i}{\partial x^l}dx^i + w_j \frac{\partial v^j}{\partial x^i}dx^i\right). \tag{3.51}$$

よって

$$\mathcal{L}_V(W) = \left(v^j \frac{\partial w_i}{\partial x^j} + w_j \frac{\partial v^j}{\partial x^i}\right)dx^i \tag{3.52}$$

◁

ここでのちに有用となる次の公式を示しておこう．p 形式 ω に対する Lie 微分に関し

$$\mathcal{L}_V\omega = d[\omega(V)] + [d\omega](V) \tag{3.53}$$

が成立する．

(証明) まず，$p = 0$ の場合は ω は関数 f であるから $V = \frac{d}{d\lambda}$ とすると $\mathcal{L}_V f = Vf = \frac{df}{d\lambda}$ であり，$f(V) = 0$，$df(V) = \frac{df}{d\lambda}$ となって成立している．$p = 1$ の場合，$\omega = \sum_i \omega_i dx^i$, $V = \sum_i V^i \frac{\partial}{\partial x^i}$ と成分表示すると左辺は式 (3.43) より $\mathcal{L}_V\omega = \sum_{i,j}(\omega_{i,j}V^j + \omega_j V^j_{,i})dx^i$ となる．ここで微分を $f_{,i} = \frac{\partial f}{\partial x^i}$ などの記号で表した．一方右辺第 1 項は $d[\omega(V)] = d(\sum_i \omega_i V^i) = \sum_{i,j}(\omega_i V^i)_{,j}dx^j$，右辺第 2 項は

$$\begin{aligned}
[d\omega](V) &= \sum_{i,j} \omega_{i,j} dx^j \wedge dx^i(V) \\
&= \sum_{i,j} \omega_{i,j} (dx^j \otimes dx^i - dx^i \otimes dx^j)(V) \\
&= \sum_{i,j} \omega_{i,j} (dx^j(V) dx^i - dx^i(V) dx^j) \\
&= \sum_{i,j} \omega_{i,j} (V^j(V) dx^i - V^i dx^j)
\end{aligned} \tag{3.54}$$

となり，両者を加えると，右辺と一致することがわかる．一般の場合は数学的帰納法によって証明できる．いま，$(p-1)$ 形式まで定理が成立しているとしよう．すると p 形式 ω は 1 形式 a と $(p-1)$ 形式 b を用いて $\omega = a \wedge b$ と書ける．そこで

$$\begin{aligned}
\mathcal{L}_V(a \wedge b) &= \mathcal{L}_V(a) \wedge b + a \wedge \mathcal{L}_V(b) \\
&= \{d[a(V)] + [da](V)\} \wedge b + a \wedge \{d[b(V)] + [db](V)\}
\end{aligned} \tag{3.55}$$

が定理の左辺となる．一方，右辺の第 1 項は

$$\begin{aligned}
d[(a \wedge b)(V)] &= d[a(V)b - a \wedge b(V)] \\
&= d[a(V)] \wedge b + a(V)db - da \wedge b(V) + a \wedge d[b(V)]
\end{aligned} \tag{3.56}$$

となり，右辺の第 2 項は

$$\begin{aligned}
[d(a \wedge b)](V) &= [da \wedge b - a \wedge db](V) \\
&= [da](V) \wedge b + da \wedge b(V) - a(V)db + a \wedge [db](V)
\end{aligned} \tag{3.57}$$

なので両者を足すと左辺と一致する． ■

この定理から Lie 微分と外微分が可換であることが示せる．

$$\mathcal{L}_V d\omega = d[\mathcal{L}_V \omega] \tag{3.58}$$

実際

$$\mathcal{L}_V d\omega = d[[d\omega](V)] + [dd\omega](V) = d[[d\omega](V)] \tag{3.59}$$

となるが，ここで $[d\omega](V)$ に

$$[d\omega](V) = \mathcal{L}_V \omega - d[\omega(V)] \tag{3.60}$$

を代入すると再び $dd=0$ より，定理が証明される．

また p 形式の Lie 微分は式 (3.53) と式 (3.23) を使うと一般的に次のように書けることも確かめることができる：

$$\mathcal{L}_X\omega(X_1,\dots,X_p) = X\omega(X_1,\dots,X_p) - \sum_{i=1}^{p}\omega(X_1,\dots,[X,X_i],\dots,X_p). \quad (3.61)$$

Lie 微分の応用の一例として流体力学から 1 つの問題を取り上げよう．まず連続の方程式は $\rho(x,y,z,t)$ を流体の密度であるスカラー場，$\boldsymbol{V}(x,y,z)$ を流体の速度ベクトル場として

$$\frac{\partial\rho}{\partial t} + \mathrm{div}(\rho\boldsymbol{V}) = 0 \quad (3.62)$$

で表される．これを，体積要素を表す 3 形式 $\omega = dx\wedge dy\wedge dz$ と，ベクトル場 $\boldsymbol{V}(x,y,z)$ に沿った Lie 微分を用いて書き直そう．式 (3.53) から $\mathcal{L}_{\boldsymbol{V}}(\rho\omega) = d[\rho\omega(\boldsymbol{V})] + [d(\rho\omega)](\boldsymbol{V})$ であるが，右辺の第 2 項は 3 形式を外微分するとゼロを与えることから消える (ここで時間 t はパラメータとして考え，微分形式 dt は考えない)．第 1 項については，$\omega(\boldsymbol{V}) = V^x dy\wedge dz + V^y dz\wedge dx + V^z dx\wedge dy$ から

$$d[\rho\omega(\boldsymbol{V})] = \left(\frac{\partial(\rho V^x)}{\partial x} + \frac{\partial(\rho V^y)}{\partial y} + \frac{\partial(\rho V^z)}{\partial z}\right)dx\wedge dy\wedge dz = \mathrm{div}(\rho\boldsymbol{V})\omega \quad (3.63)$$

となるので，結局式 (3.62) は

$$\left(\frac{\partial}{\partial t} + \mathcal{L}_{\boldsymbol{V}}\right)(\rho\omega) = 0 \quad (3.64)$$

という形に書ける．ここで現れた $\left(\frac{\partial}{\partial t} + \mathcal{L}_{\boldsymbol{V}}\right)$ の物理的意味をさらに考えてみよう．そのために，上のように 3 次元空間だけを考える代わりに，時間 t を含めた 4 次元空間を考える．するとある流体の要素に着目したときに，その運動はこの 4 次元空間中に曲線を描くことになり，その接ベクトルは $U = (V^x, V^y, V^z, 1) = (\boldsymbol{V}, 1)$ となるが，多様体の言葉では

$$U = V^x\frac{\partial}{\partial x} + V^y\frac{\partial}{\partial y} + V^z\frac{\partial}{\partial z} + \frac{\partial}{\partial t} \quad (3.65)$$

となり，スカラーに対する $\left(\frac{\partial}{\partial t} + \mathcal{L}_{\boldsymbol{V}}\right)$ そのものである．また 3 次元ベクトル場 $W = (W^x, W^y, W^z)$ に対しても

$$(\mathcal{L}_U W)^i = ([U,W])^i = \sum_{j=1}^{4} U^j W^i_{,j} + W^j U^i_{,j} = U^t W^i_{,t} + V^\alpha W^i_{,\alpha} + W^\alpha U^i_{,\alpha}. \quad (3.66)$$

ここで $i,j=1,2,3,4$ は空間・時間の双方，$\alpha=1,2,3$ は空間の座標だけを走る．$i=4$ に対しては，$W^4=0$, $U^4_{,\alpha}=0$ なので上式は意味がなく，$i=\beta=1,2,3$ に対しては

$$\mathcal{L}_U \boldsymbol{W} = \left(\frac{\partial}{\partial t} + \mathcal{L}_{\boldsymbol{V}}\right)\boldsymbol{W} \tag{3.67}$$

となる．このように Lie 微分は，流体の流れとともに動きながら変化を観測するという物理的意味をもっており，$\left(\frac{\partial}{\partial t} + \mathcal{L}_{\boldsymbol{V}}\right)$ は共動時間微分とよばれている．

3.4 部分空間と Frobenius の定理

n 次元多様体 M の m 次元部分多様体 S とは，M の部分集合であるとともにそれ自身多様体であり，座標 $y^1,\ldots,y^m$ を選ぶことができて，点 P における接空間が $\frac{\partial}{\partial y^i}$ で張られるようなものをいう．ここで

$$\left[\frac{\partial}{\partial y^i}, \frac{\partial}{\partial y^j}\right] = 0 \tag{3.68}$$

が，$y^1,\ldots,y^m$ が座標であるための条件である．ここで，以下の定理を証明できる．m 個のベクトル場 $A_{(1)},\ldots,A_{(m)}$ がありそれらの交換子が

$$[A_{(i)}, A_{(j)}] = \sum_{k=1}^{m} a_{ij,k} A_{(k)} \tag{3.69}$$

と，やはり $A_{(1)},\ldots,A_{(m)}$ の線形結合で書けるとする．このとき，V, W がそれぞれ $A_{(1)},\ldots,A_{(m)}$ の線形結合で表されるとき，その交換子 $[V,W]$ もやはり $A_{(1)},\ldots,A_{(m)}$ の線形結合で書ける．特別な場合として $A_{(1)},\ldots,A_{(m)}$ が互いに可換な場合もこれに含まれることに注意してほしい．この定理より，部分多様体 S の P における 2 つの接ベクトル V,W の交換子 $[V,W]$ はやはりその点での S の接空間に含まれていることがただちにいえる．Frobenius (フロベニウス) の定理はこの逆を主張する．

定理 3.6 (Frobenius の定理) 多様体 M のある領域 U で定義された m 個のベクトル場 $A_{(1)},\ldots,A_{(m)}$ があって，それらの間の交換子がやはり $A_{(1)},\ldots,A_{(m)}$ の線形結合で書けるとすると，これらのベクトル場の積分曲線が部分多様体をつくる．

(証明)

準備のために Lie 微分に関する次の公式を示す：

$$\mathcal{L}_V(df) = d(\mathcal{L}_V f). \tag{3.70}$$

これは成分で書くと

$$\begin{aligned}(\mathcal{L}_V(df)) &= \sum_i \sum_j \left[V^j \frac{\partial}{\partial x^j}\left(\frac{\partial f}{\partial x^i}\right) + \frac{\partial f}{\partial x^j}\frac{\partial V^j}{\partial x^i}\right] dx^i \\ &= d\left(\sum_j V^j \frac{\partial f}{\partial x^j}\right) = d(Vf) = d(\mathcal{L}_V f)\end{aligned} \tag{3.71}$$

であることから示せる．また，

$$\langle df, [V,W]\rangle = \mathcal{L}_V\langle df, W\rangle - \langle d(\mathcal{L}_V f), W\rangle \tag{3.72}$$

も，両辺とも

$$\sum_i \sum_j \frac{\partial f}{\partial x^i}\left(V^j \frac{\partial W^i}{\partial x^j} - W^j \frac{\partial V^i}{\partial x^j}\right) \tag{3.73}$$

となることからいえる．また

$$\langle df, V\rangle = \sum_i \frac{\partial f}{\partial x^i} V^i = Vf = \mathcal{L}_V f \tag{3.74}$$

も後で使う．

さて定理の証明に進もう．$A_{(1)}, \ldots, A_{(m)}$ を m 個の線形独立なベクトル場とし，それらの間の交換子はやはり $A_{(1)}, \ldots, A_{(m)}$ の線形結合で書けるとする．その中の 1 つ $A_{(m)} = \frac{d}{d\lambda_{(m)}}$ を選び，このベクトル場の積分曲線群を考える．この曲線群で領域 U は埋め尽くされるので U 内の任意の点はパラメータ $\lambda_{(m)}$ によって指定される．そこで微分形式 $d\lambda_{(m)}$ を領域 U で定義できる．$A_{(1)}, \ldots, A_{(m)}$ の線形結合で

$$\langle d\lambda_{(m)}, V_{(a)}\rangle = 0 \tag{3.75}$$

を満たす $(m-1)$ 個のベクトル場 $V_{(a)}$ をつくる．そうすると α_{abc}，β_{bc}，γ_{ab}，δ を U における関数として

$$\begin{aligned}[V_{(a)}, V_{(b)}] &= \sum_{c=1}^{m-1} \alpha_{abc} V_{(c)} + \beta_{ab} A_{(m)}, \\ [A_{(m)}, V_{(a)}] &= \sum_{b=1}^{m-1} \gamma_{ab} V_{(b)} + \delta A_{(m)}\end{aligned} \tag{3.76}$$

と書ける．式 (3.74) より

$$\langle d\lambda_{(m)}, A_{(m)} \rangle = \frac{d\lambda_{(m)}}{d\lambda_{(m)}} = 1 \tag{3.77}$$

で，かつ $d\left(\frac{d\lambda_{(m)}}{d\lambda_{(m)}}\right) = 0$ となることと，式 (3.72)，(3.75)，(3.76) から

$$\begin{aligned} \langle d\lambda_{(m)}, [V_{(a)}, V_{(b)}] \rangle &= 0 = \beta_{ab}, \\ \langle d\lambda_{(m)}, [A_{(m)}, V_{(a)}] \rangle &= 0 = \delta \end{aligned} \tag{3.78}$$

が結論される．したがって条件 (3.75) を課すと，$V_{(a)}$ $(a = 1, \ldots, m-1)$ の間の交換子は $A_{(m)}$ を含まないことがいえた．

ここで数学的帰納法を用いて $(m-1)$ 次元で定理を仮定すると m 次元でも成立することを示そう．つまり上の $V_{(a)}$ $(a = 1, \ldots, m-1)$ が $(m-1)$ 次元の部分多様体 S' を形成すると仮定する．するとこの部分多様体の基底ベクトル場 $Y_{(a)}$ $(a = 1, \ldots, m-1)$ をつくることができて $[Y_{(a)}, Y_{(b)}] = 0$ を満たす．これを $A_{(m)}$ に沿って Lie 移動することで $A_{(m)}$ と合わせて m 次元の基底ベクトル場をつくれることを示せばよい．つまり初期条件として S' 上で

$$Z_{(a)} = Y_{(a)} \tag{3.79}$$

であり

$$\mathcal{L}_{A_{(m)}} Z_{(a)} = [A_{(m)}, Z_{(a)}] = 0 \tag{3.80}$$

を満たしてベクトル場 $A_{(m)}$ に沿って Lie 移動することで $Z_{(a)}$ を構成する．この $Z_{(a)}$ と $A_{(m)}$ が互いに交換することを示せばよい．この $Z_{(a)}$ として

$$Z_{(a)} = \sum_{b=1}^{m-1} \alpha_{ab} V_{(b)} \tag{3.81}$$

の形の範囲で求まるかを考えよう．

$$\begin{aligned} \mathcal{L}_{A_{(m)}} Z_{(a)} &= \sum_{b=1}^{m-1} (\mathcal{L}_{A_{(m)}} \alpha_{ab} V_{(b)} + \alpha_{ab} \mathcal{L}_{A_{(m)}} V_{(b)}) \\ &= \sum_{b=1}^{m-1} \left(\frac{d\alpha_{ab}}{d\lambda_{(m)}} V_{(b)} + \alpha_{ab} [A_{(m)}, V_{(b)}] \right) \end{aligned}$$

$$
\begin{aligned}
&= \sum_{b=1}^{m-1}\left(\frac{d\alpha_{ab}}{d\lambda_{(m)}}V_{(b)} + \alpha_{ab}\sum_{c} c_{bc}V_{(c)}\right) \\
&= \sum_{b=1}^{m-1}\left(\frac{d\alpha_{ab}}{d\lambda_{(m)}} + \sum_{c=1}^{m-1}\alpha_{ac}c_{cb}\right)V_{(b)} = 0 \qquad (3.82)
\end{aligned}
$$

となる．$V_{(b)}$ は線形独立だからその係数はすべてゼロになる必要があり，これは連立常微分方程式となる．$V_{(a)}$ は $Y_{(b)}$ の線形結合で書けることから，上の初期条件のもとにこの方程式系は唯一の解をもつことがわかる．この解が常に $[Z_{(a)}, Z_{(b)}] = 0$ を満たすことは次のようにしてわかる：

$$
\begin{aligned}
\mathcal{L}_{A_{(m)}}[Z_{(a)}, Z_{(a)}] &= [A_{(m)}, [Z_{(a)}, Z_{(a)}]] \\
&= -[Z_{(a)}, [Z_{(b)}, A_{(m)}]] - [Z_{(b)}, [A_{(m)}, Z_{(a)}]] = 0. \qquad (3.83)
\end{aligned}
$$

ここで Jacobi の恒等式と式 (3.80) を用いた．以上から $Z_{(a)}$ $(a = 1, \ldots, m-1)$ と $A_{(m)}$ は互いに可換なベクトル場で m 次元の部分多様体を張ることが証明された．

■

以上がベクトル場を用いた Frobenius の定理の説明であるが，同じ定理を微分形式を用いて定式化することもできる．そのためにまず微分イデアルという概念を導入しよう．まず n 次元多様体 M の各点 P における接空間 T_P の $r(< n)$ 次元の部分空間 D_P を考える．これを，まとめて分布 D とよぶ．それに属するベクトル V_j に対して

$$\omega(V_1, V_2, \ldots, V_k) = 0 \qquad (3.84)$$

を満たす次数 k の微分形式 ω の集合を $I^k(D)$ と定義する．さらに

$$I(D) = \oplus_{k=1}^{n} I^k(D) \qquad (3.85)$$

とする．つまり $I(D)$ は M の微分形式 $A^*(M) = \oplus_k A^k(M)$ の部分集合で D 上で消えるものを表す．ここで次の定理が成り立つ．

定理 3.7 (i) $I(D)$ は $A^*(M)$ の線形部分空間であり，任意の $\theta \in A^*(M)$ と $\omega \in I(D)$ に対して $\theta \wedge \omega \in I(D)$ である．
(ii) $I(D)$ の任意の元 ω は $s(= n - r)$ 個の 1 次独立な 1 形式 $\omega_1, \ldots, \omega_s$ と適当な $\theta_j \in A^*(M)$ によって

$$\omega = \sum_{j=1}^{s} \theta_j \wedge \omega_j \tag{3.86}$$

と書ける．このとき

$$D_P = \{X \in T_P(M) | \omega_j(X) = 0\} \tag{3.87}$$

である．

(証明)　(i) $\omega_j \in I(D)$ の線形結合 $\omega = \sum_j c_j \omega_j$ に対して $\omega(V_1, V_2, \ldots, V_k) = \sum_j c_j \omega_j(V_1, V_2, \ldots, V_k) = 0$ より $\omega \in I(D)$ がいえる．また，θ を m 形式として明らかに $(\theta \wedge \omega)(V_1, \ldots, V_{k+m}) = 0$ である．

(ii) r 個の 1 次独立なベクトル場 $X_{s+1}, X_{s+2}, \ldots, X_n$ が存在して D の基底を張るので，これに $X_1, X_2, \ldots, X_s$ を加えて $T_p(M)$ の基底をつくる．その双対基底を ω_j とする．つまり $\omega_j(X_i) = \delta_{ij}$ が満たされる．任意の k 形式 ω は $\omega_{j_1} \wedge \omega_{j_2} \wedge \cdots \wedge \omega_{j_k}$ の線形結合として書けるが，$\omega \in I^k(D)$ であるためにはすべての $j_1, \ldots, j_k$ が $s+1, \ldots, n$ である項に対する係数がゼロである必要がある．これより (ii) は明らか．■

以上の準備で以下の定理が証明できる．

定理 3.8 任意の $X, X' \in D$ に対して $[X, X']$ がやはり D に属することの必要十分条件は $I(D)$ が外微分をとる操作に対して閉じている，つまり $dI(D) \subset I(D)$ であることである．後者を「$I(D)$ が微分イデアルである」という．

(証明)　必要条件であること．任意の $\omega \in I^k(D)$ をもってきたときに，$X_j \in D$ $(j = 1, \ldots, k+1)$ に対して $[X_i, X_j] \in D$ を仮定すると，式 (3.23) から $d\omega(X_1, \ldots, X_{k+1}) = 0$ がいえるので $d\omega \in I^{k+1} \subset I(D)$ となる．

十分条件であること．そのためには任意の 1 形式 $\omega \in I(D)$ に対して $X, Y \in D$ を 2 つのベクトルとしたときに $\omega([X, Y]) = 0$ が示せればよい．これは式 (3.24) と，仮定 $d\omega(X, Y) = 0$ から明らかである．■

以上より次の Frobenius の定理が導かれた．

定理 3.9 (Frobeniusの定理) 1次独立な s 個の1形式 ω_j に対して微分方程式系 $\omega_j(X)=0$ $(j=1,2,\ldots,s)$ が完全可積分，つまりこの方程式を満たすベクトル X が M 上の $r=n-s$ 次元の分布 D をつくるための必要十分条件は1形式 ω_{ij} が存在して

$$d\omega_i=\sum_{j=1}^{s}\omega_{ij}\wedge\omega_j \tag{3.88}$$

となることである．

最後にベクトル場および微分形式を用いたFrobeniusの定理が等価であることを見ておこう．$r(=n-s)$ 次元の部分空間が X_j $(j=s+1,\ldots,n)$ によって張られているとし，

$$\langle\omega_i,X_j\rangle=\omega_i(X_j)=0 \quad (i=1,\ldots,,s) \tag{3.89}$$

によって特徴付けられているというのがいま考えている状況である．式 (3.89) にLie微分を作用すると

$$\mathcal{L}_{X_k}\langle\omega_i,X_j\rangle=\langle\mathcal{L}_{X_k}(\omega_i),X_j\rangle+\langle\omega_i,\mathcal{L}_{X_k}(X_j)\rangle=0 \tag{3.90}$$

となるが，ここで式 (3.53) を使うと

$$\langle\mathcal{L}_{X_k}(\omega_i),X_j\rangle=\langle d[\omega_i(X_k)],X_j\rangle+\langle[d\omega_i](X_k),X_j\rangle \tag{3.91}$$

となるが，右辺第1項は式 (3.89) より消えるので式 (3.91) は $\langle[d\omega_i](X_k),X_j\rangle=0$ と $\langle\omega_i,\mathcal{L}_{X_k}(X_j)\rangle=\langle\omega_i,[X_k,X_j]\rangle=0$ が等価であることを示している．このことは，まさにFrobeniusの定理のベクトル場による表現と微分形式による表現が等価であることを意味している．

ここでFrobeniusの定理の応用例を少し見てみよう．

例 3.6 $n=3$ の場合についてFrobeniusの条件を考えてみよう．1形式

$$\omega=A_xdx+A_ydy+A_zdz \tag{3.92}$$

に対して，$\boldsymbol{B}=\nabla\times\boldsymbol{A}$ として

$$d\omega=B_xdy\wedge dz+B_ydz\wedge dx+B_zdx\wedge dy \tag{3.93}$$

となる．

一方で $\theta = \theta_x dx + \theta_y dy + \theta_z dz$ とおくと，Frobenius の条件は，

$$\begin{aligned}\theta \wedge \omega &= (\theta_x dx + \theta_y dy + \theta_z dz) \wedge (A_x dx + A_y dy + A_z dz) \\ &= (\theta_y A_z - \theta_z A_y)\, dy \wedge dz + (\theta_z A_x - \theta_x A_z)\, dz \wedge dx \\ &\quad + (\theta_x A_y - \theta_y A_x)\, dx \wedge dy \end{aligned} \tag{3.94}$$

なので

$$\boldsymbol{B} = \nabla \times \boldsymbol{A} = \boldsymbol{\theta} \times \boldsymbol{A} \tag{3.95}$$

という条件と等価である．つまりベクトル場 $\boldsymbol{A}$ が上式の条件を満たせば，関数 $f(\boldsymbol{r})$，$g(\boldsymbol{r})$ が存在して，

$$\boldsymbol{A}(\boldsymbol{r}) = f(\boldsymbol{r}) \nabla g(\boldsymbol{r}) \tag{3.96}$$

と書けるのである．$\boldsymbol{\theta} = \boldsymbol{0}$ の場合は，$f(\boldsymbol{r}) = 1$ となり，Poincaré (ポアンカレ) の補題に帰着する． ◁

例 3.7 n 次元 Euclid 空間における 1 形式 ω_i^j を成分とする r 次正方行列 Ω を考える．このとき，行列式が 0 でなく，$A(\boldsymbol{r} = \boldsymbol{0}) = A_0 = I$ (原点においては単位行列) を満たす行列 $A(\boldsymbol{r})$ が存在して (ただし $\boldsymbol{r} = (x_1, \ldots, x_n)$)

$$\Omega = (dA) A^{-1} \tag{3.97}$$

と書けるための必要十分条件は

$$\Theta = d\Omega - \Omega \wedge \Omega = 0 \tag{3.98}$$

である．このとき，行列 A は一意的に定まる． ◁

(証明)　まず必要条件であることを示す．$\Omega = (dA) A^{-1}$ とすると，

$$0 = d(dA) = d(\Omega A) = d\Omega A - \Omega \wedge dA = (\Theta + \Omega \wedge \Omega) A - \Omega \wedge (\Omega A) = \Theta A. \tag{3.99}$$

ここで A の行列式が 0 でないのでその逆行列を掛けると $\Theta = 0$ が得られる．

一意性については，2 つの行列 A, B を用いて

$$\Omega = (dA)A^{-1} = (dB)B^{-1} \tag{3.100}$$

が成立したとすると，

$$\begin{aligned} d(B^{-1}A) &= -B^{-1}dBB^{-1}A + B^{-1}dA \\ &= -B^{-1}(\Omega B)B^{-1}A + B^{-1}(\Omega A) \\ &= -B^{-1}\Omega A + B^{-1}\Omega A = 0 \end{aligned} \tag{3.101}$$

となり，$B^{-1}A$ が定数行列となり，原点において $B_0 = A_0 = I$ なので $B^{-1}A = I$，よって $B = A$ が得られる．

次に十分条件であることを示す．座標 $x^1, \ldots, x^n, z_i^j (1 \leq i, j \leq r)$ の $(n+r^2)$ 次元の空間における r 次正方行列

$$\Lambda = dZ - \Omega Z \tag{3.102}$$

を考える．Z は z_i^j を成分とし，Λ の r^2 個の成分は 1 形式である．これより

$$d\Lambda = d(dZ) - d\Omega Z + \Omega \wedge dZ = -\Omega \wedge \Omega Z + \Omega \wedge (\Lambda + \Omega Z) = \Omega \wedge \Lambda \tag{3.103}$$

が得られる．ここで $\Theta = d\Omega - \Omega \wedge \Omega = 0$ を使った．したがって Frobenius の定理により $\Lambda = 0$ は完全微分可能であり，$x^1, \ldots, x^n$ の関数を成分とする行列 A を用いて，$Z = A(x^1, \ldots, x^n)$ がその積分となる．これより

$$dA = \Omega A \tag{3.104}$$

つまり

$$(dA)A^{-1} = \Omega \tag{3.105}$$

が導けた．■

3.5 Lie群とLie代数

3.5.1 多様体としての群

群が連続変数に依存している場合は，群を微分可能多様体として捉えることができる．これを Lie 群とよび，その生成子の満たす代数を Lie 代数とよぶ．具体

的に群の表現として行列の群を考えよう．m 次正則行列全体のなす群を $GL(m)$ と書く．この群の部分群 G を考え，$u^1,\dots,u^n$ を，単位行列 e 近傍の $g\in GL(m)$ を指定する座標とする．つまり $g=g(u^1,\dots,u^n)\in G$．ここで 1 形式

$$\omega = g^{-1}dg \tag{3.106}$$

を定義する．これは行列の「対数」の微分をとったようなものだと理解してほしい．この 1 形式は「左不変」，つまり左から定行列 h を掛けて $g\to hg$ としても不変であることが次のようにしてすぐに確かめられる：

$$(hg)^{-1}d(hg) = g^{-1}h^{-1}hdg = g^{-1}dg. \tag{3.107}$$

$g\in G$ を n 次元 Euclid 空間の行ベクトル $\boldsymbol{x}$ の変換だと考えると

$$\boldsymbol{y} = \boldsymbol{x}g. \tag{3.108}$$

変換された後の行ベクトルの変化分は

$$d\boldsymbol{y} = \boldsymbol{x}dg = \boldsymbol{y}g^{-1}dg = \boldsymbol{y}\omega \tag{3.109}$$

と書ける．$dg=g\omega$ の外微分をとると

$$0 = d(dg) = dg\wedge\omega + gd\omega \tag{3.110}$$

なので，

$$d\omega = -g^{-1}dg\wedge\omega = -\omega\wedge\omega \tag{3.111}$$

が得られる．これより $d\omega$ も左不変であることがわかる．このことは，例 3.7 で述べた定理の半分であり，逆に式 (3.111) から式 (3.106) も結論される．

ω が左不変であるという性質より，単位元 e における接ベクトル空間 T_e とその双対空間 T_e^* から，任意の $g\in G$ における T_g と T_g^* が一意的に定まることが次のようにしてわかる．

図 1.1 をいまの接ベクトル空間と双対空間に焼き直した図 3.7 を考える．ω が左不変であることから，任意の $\omega_g\in T_g^*$ は，$\omega_e = L_g^*\omega_g\in T_e^*$ と 1 対 1 対応しており，逆に ω_e からすべての $g\in G$ における T_g^* の元が $\omega_g = L_{g^{-1}}^*\omega_e$ によって決定されるのである．

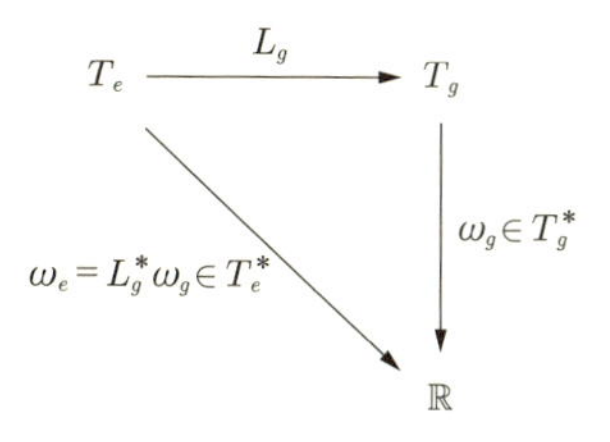

図 3.7　G の単位元 e における T_e^* と元 g における T_g^* の関係

ここで $\mathrm{tr}(E_i E_j^\dagger) = \delta_{ij}$ を満たす行列 E_i $(i = 1, \ldots, n)$ を正規直交基底として導入し，θ^i を対応する線形独立な 1 形式として $\omega = E_i \theta^i$ と展開すると，上式から

$$E_i d\theta^i = -E_k E_j \theta^k \wedge \theta^j = -\frac{1}{2}[E_k, E_j]\theta^k \wedge \theta^j \tag{3.112}$$

が得られる．ここで，$c^i_{kj} = \mathrm{tr}(E_i, [E_k, E_j])$ とおくと

$$[E_k, E_j] = c^i_{kj} E_i \tag{3.113}$$

と書け，c^i_{kj} を構造定数とよぶ．定義から $c^i_{kj} = -c^i_{jk}$ である．式 (3.112) から

$$d\theta^i = -\frac{1}{2} c^i_{kj} \theta^k \wedge \theta^j \tag{3.114}$$

とも書ける．また，$\theta^1 \wedge \cdots \wedge \theta^n$ は左不変な n 形式となり，これを左不変体積要素とよぶ．

上の説明から，E_i を基底とする G の Lie 代数を考えることができる．ω が対数微分であったことを考えると，G は逆に指数関数で表されることが予想されるであろう．正確に定義すると以下のようになる．

任意の実数 a に対して，ある n 次複素行列 X が存在し，

$$\exp(aX) = \sum_{k=0}^{\infty} \frac{1}{k!} a^k X^k \tag{3.115}$$

が G の元となる場合を考える．このような行列 X 全体のつくる集合 $\mathfrak{g}$ を Lie 群 G に対応する Lie 代数という．

行列の指数関数に関しては，いくつかの有用な関係式が成立する．まず小さな t に対して

$$\exp(tX)\exp(tY) = \exp(t(X+Y)) + O(t^2) \tag{3.116}$$

を，両辺を展開すると確かめることができる．$\{g,h\} = ghg^{-1}h^{-1}$ を定義すると

$$\{\exp(tX), \exp(tY)\} = \exp(t^2[X,Y] + O(t^3)) \tag{3.117}$$

も同様に示すことができる．これらの式から

$$\lim_{m\to\infty}\left[\exp\left(\frac{X}{m}\right)\exp\left(\frac{Y}{m}\right)\right]^m = \exp(X+Y), \tag{3.118}$$

$$\lim_{m\to\infty}\left\{\exp\left(\frac{X}{m}\right), \exp\left(\frac{Y}{m}\right)\right\}^{m^2} = \exp([X,Y]) \tag{3.119}$$

がいえる．

Lie 代数に関して以下が成立する．

(i) a を任意の実数として $X \in \mathfrak{g}$ ならば $aX \in \mathfrak{g}$ である．

(ii) $X, Y \in \mathfrak{g}$ ならば $X + Y \in \mathfrak{g}, [X,Y] = XY - YX \in \mathfrak{g}$ である．

(iii) $X, Y, Z \in \mathfrak{g}$ ならば $[[X,Y],Z] + [[Y,Z],X] + [[Z,X],Y] = 0$ である．

(i) は定義より明らか，(ii) は式 (3.119) より，(iii) は交換子を丹念に計算すれば示せる．実は (ii) の結論から，交換子を E_a の線形結合として書けたのであった．(iii) の恒等式に $X = E_a$, $Y = E_b$, $Z = E_c$ を代入すると $[E_a, E_b] = c_{ab}^{f}E_f$ などを用いて構造定数に対して

$$c_{ab}^{f}c_{fc}^{g} + c_{bc}^{f}c_{fa}^{g} + c_{ca}^{f}c_{fb}^{g} = 0 \tag{3.120}$$

が得られる．

3.5.2 Lie 群，Lie 代数の例

例 3.8 $GL(n,\mathbb{C})$ に対する Lie 代数 $\mathfrak{gl}(n,\mathbb{C})$ は，すべての $n \times n$ 複素行列全体の集合 $M(n,\mathbb{C})$ である． ◁

例 3.9 $SL(n,\mathbb{C})$ に対する Lie 代数 $\mathfrak{sl}(n,\mathbb{C})$ を考える．$X \in \mathfrak{sl}(n,\mathbb{C})$ とすると，$\exp(aX) \in SL(n,\mathbb{C})$ なので，$\det\exp(aX) = \exp(a\mathrm{tr}X) = 1$ より，$\mathrm{tr}X = 0$ が必要である．よって

$$\mathfrak{sl}(n,\mathbb{C}) = \{X \in M(n,\mathbb{C}) | \mathrm{tr}X = 0\} \tag{3.121}$$

である． ◁

例 3.10 $U(n)$ に対する Lie 代数 $\mathfrak{u}(n)$ は以下のように求められる．$X \in \mathfrak{u}(n)$ とすると，a を実数として $\exp(aX)[\exp(aX)]^\dagger = \exp(aX)\exp(aX^\dagger) = 1$ が要請されるので，$X^\dagger = -X$ が結論される．逆に $X^\dagger = -X$ ならば常に $\exp(aX)[\exp(aX)]^\dagger = [\exp(aX)]^\dagger \exp(aX) = 1$ が成立する．よって

$$\mathfrak{u}(n) = \{X \in M(n,\mathbb{C}) | X^\dagger = -X\} \tag{3.122}$$

である． ◁

例 3.11 n 次元特殊ユニタリ行列群 $SU(n)$ とは

$$SU(n) = \left\{ U \in M(n,\mathbb{C}) \middle| U^\dagger U = UU^\dagger = 1, \det U = 1 \right\} \tag{3.123}$$

で，それに対する Lie 代数 $\mathfrak{su}(n)$ は，(ii) と (iii) の考察を合わせて

$$\mathfrak{su}(n) = \{X \in M(n,\mathbb{C}) | X^\dagger = -X, \mathrm{tr}X = 0\} \tag{3.124}$$

である．

特に，$SU(2)$ の任意の元 U は

$$U = \exp(\alpha_a E_a) \quad \left(E_a = \frac{\sigma_a}{\sqrt{2}i}\right) \tag{3.125}$$

という形に書ける．ここで規格化条件 $\mathrm{tr}(E_a E_b^\dagger) = \delta_{ab}$ を満たすように係数を選んだ．

$$\sigma_1 = \begin{pmatrix} 0 & 1 \\ 1 & 0 \end{pmatrix}, \sigma_2 = \begin{pmatrix} 0 & -i \\ i & 0 \end{pmatrix}, \sigma_3 = \begin{pmatrix} 1 & 0 \\ 0 & -1 \end{pmatrix} \tag{3.126}$$

は Pauli (パウリ) 行列とよばれる．E_a は ε_{abc} を完全反対称テンソルとして

$$[E_a, E_b] = \frac{\varepsilon_{abc}}{\sqrt{2}} E_c \tag{3.127}$$

という交換関係を満たす．つまり構造定数 $c_{ab}^c = \frac{\varepsilon_{abc}}{\sqrt{2}}$ となる． ◁

3.5.3 Lie 群と Lie 代数の随伴表現

線形 Lie 群 G と対応する Lie 代数 $\mathfrak{g}$ を考える．$X \in \mathfrak{g}, g \in G$ とすると，t を任意の実数として

$$g\exp(tX)g^{-1} = \exp(tgXg^{-1}) \in G \tag{3.128}$$

なので $gXg^{-1} \in \mathfrak{g}$ である．特に X として $\mathfrak{g}$ の基底 E_r をとると

$$gE_r g^{-1} = E_s C^s{}_r(g) \tag{3.129}$$

と展開できる．ここで展開係数 $C^s{}_r(g)$ は g に依存することをあらわに示したが，これが各 g に対する G の表現となり，これを G の随伴表現とよぶ．この事実は例えば g_1, g_2 の積に対しては

$$(g_1 g_2)E_r(g_1 g_2)^{-1} = E_s C^s{}_r(g_1 g_2) \tag{3.130}$$

となるが，この左辺は

$$g_1(g_2 E_r g_2^{-1})g_1^{-1} = g_1 E_s g_1^{-1} C^s{}_r(g_2) = E_t C^t{}_s(g_1) C^s{}_r(g_2) = E_s C^s{}_t(g_1) C^t{}_r(g_2) \tag{3.131}$$

と書けるので

$$C^s{}_r(g_1 g_2) = C^s{}_t(g_1) C^t{}_r(g_2) \tag{3.132}$$

の関係が得られることから理解できる．$C^s{}_r$ の代わりに，$(\mathrm{Ad}(g))^s{}_r$ と書くことにしよう：

$$gE_r g^{-1} = E_s(\mathrm{Ad}(g))^s{}_r. \tag{3.133}$$

いま $g \in G$ が実数 s を用いて $g = \exp(sY)$, $Y \in \mathfrak{g}$ と書けているとき

$$\mathrm{Ad}(g) = \mathrm{Ad}\,(\exp(sY)) = \exp\{s \cdot \mathrm{ad}(Y)\} \tag{3.134}$$

で n 次の正方行列 $\mathrm{ad}(Y)$ を定義する．この $\mathrm{ad}(Y)$ を Lie 代数 $\mathfrak{g}$ の随伴表現とよぶ．

$$\exp(sY) \cdot E_r \exp(-sY) \;=\; E_p\,[\exp\{s \cdot \mathrm{ad}(Y)\}]^p{}_r \tag{3.135}$$

が $\mathrm{ad}(Y)$ の定義に対応するので，この式を s で微分してその後 $s = 0$ とおくと

$$[Y, E_r] \;=\; E_p[\mathrm{ad}(Y)]^p{}_r \tag{3.136}$$

を得る．特に $Y = E_s$ とおくと

$$[E_s, E_r] \;=\; E_p[\mathrm{ad}(E_s)]^p{}_r \tag{3.137}$$

となるので，式 (3.133) と比較して

$$[\mathrm{ad}(X_s)]^p{}_r = c^p_{sr} = -c^p_{rs} \tag{3.138}$$

となる．一方，式 (3.120) は

$$[\mathrm{ad}(E_s), \mathrm{ad}(E_r)]^q{}_t = \{\mathrm{ad}(E_p)\}^q{}_t c^p_{sr} \tag{3.139}$$

と同等であるので，確かに $\mathrm{ad}(X)$ が Lie 代数の表現を与えていることがわかる．

随伴表現について述べたところで，物理学でも重要な関係「$\mathrm{Ad}\,SU(2) = SO(3)$ であり $SU(2)$ は $SO(3)$ の単連結な二重被覆である」を説明する．$g \in SU(2)$ は

$$g = \exp(i\boldsymbol{h}\cdot\boldsymbol{\sigma})$$

と書ける．ここで $\boldsymbol{\sigma} = (\sigma^1, \sigma^2, \sigma^3)$ は Pauli 行列を 3 成分とするベクトルであり，その係数を $\boldsymbol{h} = (h_1, h_2, h_3)$ とまとめて書いた．

$$f_\alpha(t) = \exp(it\boldsymbol{h}\cdot\boldsymbol{\sigma})\sigma_\alpha \exp(-it\boldsymbol{h}\cdot\boldsymbol{\sigma}) \tag{3.140}$$

を定義すると，これを t で微分することにより

$$\frac{df_\alpha(t)}{dt} = \exp(i\boldsymbol{h}\cdot\boldsymbol{\sigma})[ih_\beta\sigma^\beta, \sigma^\alpha] = 2\varepsilon_{\alpha\beta\gamma}h_\beta f_\gamma(t) \tag{3.141}$$

を得るが，これをベクトルの形にまとめると

$$\frac{d\boldsymbol{f}(t)}{dt} = 2\boldsymbol{h}\times\boldsymbol{f}(t) \tag{3.142}$$

を得る．この方程式はスピンの磁場 $2\boldsymbol{h}$ の下で歳差運動を記述する運動方程式にほかならない．歳差運動は時間 t とともに $\boldsymbol{h}$ のまわりに $2|\boldsymbol{h}|t$ の角度だけ回転を引き起こすので $\boldsymbol{f}$ の空間での $SO(3)$ の元にほかならない．これらを具体的に書くと，

$$\boldsymbol{f}(t) = A(t)\boldsymbol{f}(0) \tag{3.143}$$

と 3×3 の行列 $A(t) \in SO(3)$ が $g(t) \in SU(2)$ の表現となっている．これが $\mathrm{Ad}\,SU(2) = SO(3)$ を意味する．ここで，この対応を $SU(2)$ から $SO(3)$ への写像と考えたときに，これが 1 対 1 になっているかという問題を考えてみる．そのために

$$\exp(it\boldsymbol{h}\cdot\boldsymbol{\sigma}) \in SU(2) \tag{3.144}$$

に対して $\boldsymbol{f}$ の回転角は $2t|\boldsymbol{h}|$ であることに注意する．これから $t|\boldsymbol{h}| = 0, \pi$ に対する 2 つの $g(t) \in SU(2)$ が $A(t) = 1$ へと写像される．これをもう少し一般的に考えるとまず一般の $g \in SU(2)$ は単位行列 $\hat{1}$ と Pauli 行列 σ^α，および実数の係数 a_i を使って

$$g = a_0 \hat{1} + i(a_1\sigma^1 + a_2\sigma^2 + a_3\sigma^3) \tag{3.145}$$

と書ける．ここで $\sum_{i=0}^{3}(a_i)^2 = 1$ である．したがって，$g \in SU(2)$ は 4 次元の単位球面 S^3 と 1 対 1 の関係にある．S^3 は単連結，つまり群の中の任意の閉曲線は 1 点に可縮であるので，$SU(2)$ も単連結となる．一方，$\{a_i\}$ と $\{-a_i\}$ は $SU(2)$ の元としては異なるが，これらは $SO(3)$ の同じ元へと写像される．したがって，$SO(3)$ を考えるときには，S^3 の半分だけ (例えば北半球) を考えれば，1 対 1 の対応がつく．しかし，この半球は単連結ではない．なぜなら，赤道上の反対側の 2 つの点は同一視しているので，これらを結ぶ「閉曲線」は連続的に 1 点へと収縮できないからである．以上が「$\mathrm{Ad}\, SU(2) = SO(3)$ であり $SU(2)$ は $SO(3)$ の単連結な二重被覆である」ことの説明である．

3.6 Riemann幾何学

3.6.1 アフィン接続

いままでの多様体の議論では，ベクトル場に沿っての積分曲線というものが主要な役割を果たしてきたが，そこでは「平行移動」や「距離」という概念が存在していなかった．これらを導入するのが本節の目的である．n 次元の多様体 M を考える．以下の議論は曲面の微分幾何学で学んだときの議論とほとんど平行に進めることができるが，もっとも大きな違いは曲面の法線方向 $\boldsymbol{n}$ が出てこないことである．また，多様体の座標系 u_i に対してベクトル $\boldsymbol{X}_i = \frac{\partial \boldsymbol{r}}{\partial u_i}$ を接ベクトル場 $X_i = \frac{\partial}{\partial u_i}$ に読み換えればよい．また，Christoffel (クリストフェル) 接続係数 Γ^k_{ij} が，今度は任意に与えられる点も異なる．これを「アフィン接続」とよぶ．これによって式 (2.42) の代わりに k 方向の共変微分 $\nabla_k = \nabla_{X_k}$ が

$$\nabla_k X_j = \Gamma^i_{jk} X_i \tag{3.146}$$

によって定義される．このとき，u_i が座標であることから $[X_i, X_j] = 0$ がいえて，

これと条件 $T(X,Y) = \nabla_X Y - \nabla_Y X - [X,Y] = 0$ を仮定すると，$\Gamma^i_{jk} = \Gamma^i_{kj}$ が結論される．一般のベクトル場 $U = U^i X_i$，$V = V^j X_j$ に対して $\nabla_U = U^i \nabla_i$，$\nabla_i V = \frac{\partial V^j}{\partial u^i} X_j + f\nabla_i X_j$ によってベクトル場の共変微分を定義し，また一般のテンソルに対して Leibniz 則

$$\nabla_U (A \otimes B) = (\nabla_U A \otimes B) + (A \otimes \nabla_U B), \tag{3.147}$$

$$\nabla_U \langle \omega, A \rangle = \langle \nabla_U \omega, A \rangle + \langle \omega, \nabla_U A \rangle \tag{3.148}$$

によって共変微分が定義される．共変微分を成分で書くと，第 2 章の式 (2.60) 付近の議論はそのまま成立することに注意してほしい．

例えば 1 形式 $\omega = \omega^i du^i$ とベクトル場 $A = A^i \frac{\partial}{\partial u^i}$ を考えると $\langle \omega, A \rangle = \omega_j A^j$ はスカラーで，$\nabla_i \langle \omega, A \rangle = \frac{\partial}{\partial u^i}(\omega_j A^j) = \frac{\partial \omega_j}{\partial u^i} A^j + \omega_j \frac{\partial A^j}{\partial u^i}$ となること，

$$\nabla_i A^j = \frac{\partial A^j}{\partial u^i} + \Gamma^j_{ki} A^k \tag{3.149}$$

を使うと

$$\nabla_i \omega_j = \frac{\partial \omega_j}{\partial u^i} - \Gamma^k_{ji} \omega_k. \tag{3.150}$$

ここで，Lie 微分と共変微分の間の関係について考えておきたい．$f_{,i} = \frac{\partial f}{\partial u^i}$ $f_{;i} = \nabla_i f$ などの記号を導入すると

$$(\mathcal{L}_U \omega)_i = \omega_{i,j} U^j + \omega_j U^j_{\ ,i} = \omega_{i;j} U^j + \omega_j U^j_{\ ;i} \tag{3.151}$$

が示せる．つまりすべての微分を共変微分に置き換えればよい．

共変微分から曲率テンソルが導かれるのも第 2 章と同様である．

$$R(U,V) = [\nabla_U, \nabla_V] - \nabla_{[U,V]} = -R(V,U) \tag{3.152}$$

によって作用素 $R(U,V)$ を定義する．これをベクトル場 W に作用させるとやはりベクトル場である $R(U,V)W$ を生成することがわかる．

(証明) まず f をスカラー関数として $[\nabla_U, \nabla_V](fW) = \nabla_U\{(Vf)W + f\nabla_V W\} - \nabla_V\{(Uf)W + f\nabla_U W\} = ([U,V]f)W + f[\nabla_U, \nabla_V]W$ と $\nabla_{[U,V]}(fW) = ([U,V]f)W + f\nabla_{[U,V]}W$ から，$R(U,V)(fW) = fR(U,V)W$ が示せる．さらに $R(fU,V)W = [\nabla_{fU}, \nabla_V]W - \nabla_{[fU,V]}W$ において，$\nabla_{fU} = f\nabla_U$，$[fU,V] = f[U,V] - (Vf)U$ などを使うと，$R(fU,V)W = fR(U,V)W$ を示せる．$R(U,fV)$

についても同様である．式 (2.71) で現れた曲率テンソルの成分 R^{ℓ}_{kij} は $R(X_i, X_j)X_k = R^{\ell}_{kij}X_{\ell}$ によって与えられ，上の関係から座標変換に対して (1,3) 型テンソルとして振る舞うことが示せた． ■

3.6.2 距 離 と 内 積

さて，以上の議論には距離の概念が入っていなかった．計量テンソルに対応して 2 つのベクトル場 $U = U^i X_i$，$V = V^j X_j$ からスカラー関数への双線形写像 g を

$$g(U, V) = g(X_i, X_j)U^i V^j = g_{ij}U^i V^j \tag{3.153}$$

と定義すると多様体に距離が導入される．この g_{ij} を Riemann 計量という．ここで g_{ij} は (0,2) 型の共変テンソルであることがわかる．多様体上の近接する 2 点 $\boldsymbol{P}(\{x^i\})$ と $\boldsymbol{P}(\{x^i + \Delta x^i\})$ の間の距離は，$U^i = V^i$ として $\frac{dx^i(t)}{dt} = V^i$ によって積分曲線を求めたときに，パラメータが Δt だけ離れた 2 点間の距離 (Δs) が

$$(\Delta s)^2 = g(V, V)(\Delta t)^2 \tag{3.154}$$

で与えられており，$V^i = \frac{dx^i(t)}{dt}$ を代入すると

$$\Delta s = \sqrt{g_{ij}\frac{dx^i(t)}{dt}\frac{dx^j(t)}{dt}}\Delta t \tag{3.155}$$

という見慣れた式となる．また，共変微分の関係式

$$\nabla_i g(U, V) = [\nabla_i g](U, V) + g(\nabla_i U, V) + g(U, \nabla_i V) \tag{3.156}$$

において 2 つのベクトル U，V を平行移動したとき，つまり $\nabla_i U = \nabla_i V = 0$ のときに内積が変化しないという条件を課すと，

$$\nabla_i g = 0 \tag{3.157}$$

が要請され，これが Christoffel 接続係数 Γ^k_{ij} の g_{ij} による表式 (2.46) を導くことは容易に示せる．

3.6.3 曲　　率

以上の内容をもう少しコンパクトに書いてみよう．すると共変微分は接続形式とよばれる 1 形式 ω^i_j を用いて，ベクトル場 X に対して

$$\nabla_X X_j = \omega^i_j(X)X_i \tag{3.158}$$

と書ける．Christoffel 係数とは式 (3.146) と対応して，

$$\Gamma^i_{jk} = \omega^i_j(X_k) \tag{3.159}$$

の関係がある．つまり，Christoffel 係数をベクトル場との内積によって与える 1 形式が ω である．これを使って曲率は以下の定理のように表現できる．

定理 3.10

$$R(X,Y)X_j = \Omega^i_j(X,Y)X_i \tag{3.160}$$

によって 2 形式 Ω^i_j を定義すると

$$\Omega^i_j = d\omega^i_j + \omega^i_k \wedge \omega^k_j \tag{3.161}$$

あるいは，行列の形で

$$\Omega = d\omega + \omega \wedge \omega \tag{3.162}$$

と書ける．この関係式に $X = X_k, Y = X_\ell$ を代入すると曲率テンソルの成分に対する表式が得られる．

(証明)

$$\begin{aligned} R(X,Y)X_j &= (\nabla_X\nabla_Y - \nabla_Y\nabla_X - \nabla_{[X,Y]})X_j \\ &= \nabla_X(\omega^i_j(Y)X_i) - \nabla_Y(\omega^i_j(X)X_i) - \omega^i_j([X,Y])X_i \\ &= X\omega^i_j(Y)X_i + \omega^i_j(Y)\omega^k_i(X)X_k - Y\omega^i_j(X)X_i - \omega^i_j(X)\omega^k_i(Y)X_k \\ &\quad - \omega^i_j([X,Y])X_i \\ &= X\omega^i_j(Y)X_i + \omega^k_j(Y)\omega^i_k(X)X_i - Y\omega^i_j(X)X_i - \omega^k_j(X)\omega^i_k(Y)X_i \\ &\quad - \omega^i_j([X,Y])X_i \end{aligned} \tag{3.163}$$

となるが，ここで式 (3.24) から

$$d\omega^i_j(X,Y) = X\omega^i_j(Y) - Y\omega^i_j(X) - \omega^i_j([X,Y]) \tag{3.164}$$

がいえ，また

$$\omega^i_k \wedge \omega^k_j(X,Y) = (\omega^i_k \otimes \omega^k_j - \omega^i_k \otimes \omega^k_j)(X,Y) = \omega^i_k(X)\omega^k_j(Y) - \omega^i_k(Y)\omega^k_j(X) \tag{3.165}$$

の関係から題意が証明される． ■

この式より

$$\begin{aligned} d\Omega &= d(d\omega + \omega \wedge \omega) = d\omega \wedge \omega - \omega \wedge d\omega \\ &= (\Omega - \omega \wedge \omega) \wedge \omega - \omega \wedge (\Omega - \omega \wedge \omega) = \Omega \wedge \omega - \omega \wedge \Omega \end{aligned} \tag{3.166}$$

が導かれる．これを Bianchi (ビアンキ) の恒等式とよぶ．

ここで自然標構 X_j の変換に伴って，ω や Ω がどのように変換されるかを見ておこう．

$$\bar{X}_j = g^i_j X_i \tag{3.167}$$

によって新しい自然標構 $\bar{X}_j$ に移ると，それぞれ ω は $\bar{\omega}$ に，Ω は $\bar{\Omega}$ へと変換される．式 (3.167) に共変微分 ∇_X を作用させると

$$\nabla_X \bar{X}_j = \bar{\omega}^i_j(X)\bar{X}_i = dg^i_j(X)X_i + g^k_j\omega^i_k(X)X_i \tag{3.168}$$

となるので行列の形で書くと

$$g\bar{\omega} = dg + \omega g \tag{3.169}$$

となる．

$$\bar{\omega} = g^{-1}dg + g^{-1}\omega g \tag{3.170}$$

が ω の変換則となる．Ω のほうは

$$\bar{\Omega} = d\bar{\omega} + \bar{\omega} \wedge \bar{\omega} \tag{3.171}$$

に式 (3.170) を代入すればよい．$g^{-1}g = 1$ から導かれる関係式 $dg^{-1} = -g^{-1}dgg^{-1}$ を使うと

$$d\bar{\omega} = -g^{-1}dgg^{-1} \wedge \omega g + g^{-1}d\omega g - g^{-1}\omega \wedge dg - g^{-1}dgg^{-1} \wedge dg \tag{3.172}$$

となり，

$$\begin{aligned}\bar{\omega} \wedge \bar{\omega} &= (g^{-1}dg + g^{-1}\omega g) \wedge (g^{-1}dg + g^{-1}\omega g) \\ &= g^{-1}\omega \wedge \omega g + g^{-1}dg \wedge g^{-1}dg + g^{-1}\omega \wedge dg + g^{-1}dgg^{-1} \wedge \omega g \end{aligned}\tag{3.173}$$

と足し合わせると，いくつかの項が相殺し

$$\bar{\Omega} = g^{-1}\Omega g \tag{3.174}$$

を得る．

3.7　ラプラシアンと調和形式

3.7.1　距　離　空　間

内積や距離を導入すると，接ベクトル空間と双対空間が相互に関係が付く．つまり，先に導入した内積 $\langle , \rangle$ と前節で導入した内積 $(,)$ を関係付けることができる．つまり，$W = W^iX_i$，$V = V^iX_i$ の間の内積 $(U,V) = g_{ij}U^iV^j$ が与えられているとする．$\langle \sigma^i, X_j \rangle = \delta^i_j$ を満たす双対ベクトル $\sigma^i = du^i$ を導入すると

$$W_j = g_{ji}W^i \tag{3.175}$$

を用いて

$$\omega_W = W_j\sigma^j \tag{3.176}$$

を定義すると

$$\langle \omega_W, V \rangle = (W,V) \tag{3.177}$$

が成立する．したがって，接ベクトルである W と 1 形式 ω_W を同一視することができるのである．式 (3.175) は物理学では反変ベクトルと共変ベクトルの変換でよく知られた添字の上げ下げに対応している．g_{ij} の逆行列 g^{ij} を考えると，

$$g_{ij}W^iV^j = W_iV^i = g^{ij}W_iV_j \tag{3.178}$$

が成立し，これをベクトル W と V の内積として定義できるわけである．Euclid 空間の場合には $g_{ij}=\delta_{ij}$ なので W^i と W_i を区別する必要がない．これが従来のベクトル解析では双対空間をわざわざ考えなかった理由である．

ここで多様体の体積要素を，正規直交基底 θ^i を用いて

$$v_M = \theta^1 \wedge \cdots \wedge \theta^n \tag{3.179}$$

と定義しよう．一般の座標では

$$v_M = \sqrt{\det(g_{ij})}\sigma^1 \wedge \cdots \wedge \sigma^n = \sqrt{\det(g_{ij})}du^1 \wedge \cdots \wedge du^n \tag{3.180}$$

となることが示せる．

(証明) θ^i に双対な接ベクトル空間の正規直交基底を e_i とする．$\sigma^i = a^i_j\theta^j$, $X_i = b^j_i e_j$ と展開すると $\langle\theta^i, e_j\rangle = \delta^i_j$，$\langle\sigma^k, X_\ell\rangle = \delta^k_\ell$ の関係から行列として $b = a^{-1}$ の関係が得られる．これより

$$v_M = \theta^1 \wedge \cdots \wedge \theta^n = \det(a_{ij})du^1 \wedge \cdots \wedge du^n \tag{3.181}$$

となるが，一方で

$$\det(g_{ij}) = \det(a^k_i a^k_j) = [\det(a_{ij})\det(a_{ij})^{\mathsf{T}}] = [\det(a_{ij})]^2 \tag{3.182}$$

がいえる．ここで a^{T} は a の転置行列である．これより式 (3.180) が示せた．■

3.7.2 星印作用素とラプラシアン

さて，以上の準備のもとに 1.7 節で導入した星印作用素について再び考えてみよう．

$$\omega = \sum_{i_1<\cdots<i_k} f_{i_1,\ldots,i_k}\sigma^{i_1} \wedge \cdots \wedge \sigma^{i_k} \tag{3.183}$$

で表される k 形式 ω に $*$ を作用させると

$$*\omega = \sum_{i_1<\cdots<i_k} \mathrm{sign}(I,J) f_{i_1,\ldots,i_k}\sigma^{j_1} \wedge \cdots \wedge \sigma^{j_{n-k}} \tag{3.184}$$

となる．ここで $J=(j_1,\ldots,j_{n-k})$ は $(1,\ldots,n)$ に対する $I=(i_1,\ldots,i_k)$ の補集合で，$\mathrm{sign}(I,J)$ は順列 $(i_1,\ldots,i_k,j_1,\ldots,j_{n-k})$ の符号である．このとき，作用素 $*$ は関数 f,g と k 形式 ω,η に対して次の性質をもっている．

$$\text{(i)}\quad *(f\omega+g\eta)=f*\omega+g*\eta \tag{3.185}$$

$$\text{(ii)}\quad **\omega=(-1)^{k(n-k)}\omega \tag{3.186}$$

$$\text{(iii)}\quad \omega\wedge*\eta=\eta\wedge*\omega=(\omega,\eta)v_M \tag{3.187}$$

$$\text{(iv)}\quad *(\omega\wedge*\eta)=*(\eta\wedge*\omega)=(\omega,\eta) \tag{3.188}$$

$$\text{(v)}\quad (*\omega,*\eta)=(\omega,\eta) \tag{3.189}$$

これらの関係は簡単に証明できるので，読者への演習問題としておこう．詳しくは文献[5]を参照されたい．

さて，2 つの k 形式の新しい内積 $((\,,\,))$ を

$$((\omega,\eta))=\int_M(\omega,\eta)v_M=\int_M\omega\wedge*\eta=\int_M\eta\wedge*\omega \tag{3.190}$$

で定義しよう．するとただちに $((\omega,\eta))=((\eta,\omega))$，$((\omega,\eta))=((*\omega,*\eta))$ がいえる．また，$(\,,\,)$ の性質から $((\omega,\omega))\geq 0$ であり，これが 0 となる場合は $\omega=0$ に限られることがいえる．

さらに k 形式に作用して $(k-1)$ 形式をつくり出す作用素 δ を次の式で定義する．

$$\delta=(-1)^k*^{-1}d*=(-1)^{n(k+1)+1}*d* \tag{3.191}$$

この定義よりただちに

$$\text{(i)}\quad *\delta=(-1)^k d* \tag{3.192}$$

$$\text{(ii)}\quad \delta*=(-1)^{k+1}*d \tag{3.193}$$

$$\text{(iii)}\quad \delta^2=0 \tag{3.194}$$

を示すことができる．

すると，次の重要な関係式を示すことができる．

$$((d\omega,\eta))=((\omega,\delta\eta)) \tag{3.195}$$

(証明) ω を k 形式，η を $(k+1)$ 形式とすると，

$$\begin{aligned} d\omega \wedge *\eta &= d(\omega \wedge *\eta) - (-1)^k \omega \wedge d * \eta \\ &= d(\omega \wedge *\eta) + \omega \wedge *\delta\eta \end{aligned} \tag{3.196}$$

であり，これを M にわたって積分する．4.3 節で議論する Stokes (ストークス) の定理によると M が境界のない多様体とすると右辺の第 1 項は寄与しないので，求める関係式を得る． ■

ここで k 形式に作用し k 形式をつくり出すラプラシアン作用素 Δ を

$$\Delta = \delta d + d\delta \tag{3.197}$$

で定義する．

見慣れない記号が出てきて，よく知られたラプラシアンと違うもののように見えるので，3 次元の Euclid 空間では $-\Delta = (\frac{\partial}{\partial x})^2 + (\frac{\partial}{\partial y})^2 + (\frac{\partial}{\partial z})^2$ となることを見てみよう．例えば $\omega = f dx$ ととったとしよう．すると

$$*\omega = f dy \wedge dz, \tag{3.198}$$

$$d * \omega = \frac{\partial f}{\partial x} dx \wedge dy \wedge dz, \tag{3.199}$$

$$\delta\omega = - * d * \omega = -\frac{\partial f}{\partial x}, \tag{3.200}$$

$$d\delta\omega = -\frac{\partial^2 f}{\partial x^2} dx - \frac{\partial^2 f}{\partial x \partial y} dy - \frac{\partial^2 f}{\partial x \partial z} dz \tag{3.201}$$

と順に計算できるし，一方で

$$d\omega = \frac{\partial f}{\partial y} dy \wedge dx + \frac{\partial f}{\partial z} dz \wedge dx, \tag{3.202}$$

$$*d\omega = -\frac{\partial f}{\partial y} dz + \frac{\partial f}{\partial z} dy, \tag{3.203}$$

$$d * d\omega = -\frac{\partial^2 f}{\partial x \partial y} dx \wedge dz - \frac{\partial^2 f}{\partial y^2} dy \wedge dz + \frac{\partial^2 f}{\partial x \partial z} dz \wedge dy + \frac{\partial^2 f}{\partial x \partial z} dx \wedge dy, \tag{3.204}$$

$$\delta d\omega = *d*d\omega = \frac{\partial^2 f}{\partial x \partial y}dy - \frac{\partial^2 f}{\partial y^2}dx - \frac{\partial^2 f}{\partial x \partial z^2}dx + \frac{\partial^2 f}{\partial x \partial z}dz \tag{3.205}$$

となるので，両者を加えると

$$\Delta\omega = (d\delta + \delta d)\omega = -\left[\left(\frac{\partial}{\partial x}\right)^2 + \left(\frac{\partial}{\partial y}\right)^2 + \left(\frac{\partial}{\partial z}\right)^2\right] f dx \tag{3.206}$$

が得られる．最初に選んだ ω をほかの形式に変えても同様の結論が得られることを確認してみてほしい．

このように順次 $*$ や d を作用させていくと δ が計算できて，ラプラシアンが求められるが，上のように k 形式が座標 $x = (x_1, \ldots, x_n)$ での表現

$$\omega = \sum_{i_1 < \cdots < i_k} \omega_{i_1,\ldots,i_k}(x) dx^{i_1} \wedge \cdots \wedge dx^{i_k} \tag{3.207}$$

をもっているときには，$d\omega, \delta\omega$ の具体的な表式を次のように得ることができる：

$$d\omega = \sum_{j=1}^{n} \sum_{i_1 < \cdots < i_k} \frac{\partial \omega_{i_1,\ldots,i_k}(x)}{\partial x^j} dx^j \wedge dx^{i_1} \wedge \cdots \wedge dx^{i_k}, \tag{3.208}$$

$$\delta\omega = \sum_{p=1}^{k} \sum_{i_1 < \cdots < i_k} (-1)^{p-1} \frac{\partial \omega_{i_1,\ldots,i_{p-1},i_p,i_{p+1},\ldots,i_k}(x)}{\partial x^{i_p}} \times dx^{i_1} \wedge \cdots \widehat{dx^{i_p}} \cdots \wedge dx^{i_k}. \tag{3.209}$$

ここで $\widehat{dx^{i_p}}$ は，$dx^{i_1} \wedge \cdots \wedge dx^{i_k}$ の中から dx^{i_p} を抜き取る操作を表している．

さて以下にラプラシアンの性質を調べよう．まず $*$ と Δ は可換である：

$$\Delta * = * \Delta. \tag{3.210}$$

(証明) ω を k 形式とすると $\delta\omega$ は $(k-1)$ 形式，$d\omega$ は $(k+1)$ 形式であることに注意すると式 (3.192)，式 (3.193) から

$$(\Delta *)\omega = (\delta d + d\delta) * \omega = (-1)^k (\delta * \delta\omega - d * d\omega) \tag{3.211}$$

と変形でき，同様に

$$(*\Delta)\omega = *(\delta d + d\delta)\omega = (-1)^{k+1} d * d\omega + (-1)^k \delta * \delta\omega = (-1)^k (-d * d\omega + \delta * \delta\omega) \tag{3.212}$$

となるので両者は一致する． ■

また

$$((\Delta\omega, \eta)) = ((\omega, \Delta\eta)) \tag{3.213}$$

も容易にわかる．

$$\Delta\omega = 0 \tag{3.214}$$

を満たす形式を調和形式とよび $\omega \in H^k(M) \subset A^k(M)$ で表す．調和形式については

$$d\omega = \delta\omega = 0 \tag{3.215}$$

が成立する．なぜなら

$$((\omega, \Delta\omega)) = ((\omega, (d\delta + d\delta)\omega)) = ((\delta\omega, \delta\omega)) + ((d\omega, d\omega)) = 0 \tag{3.216}$$

から，$((\delta\omega, \delta\omega)) = ((d\omega, d\omega)) = 0$ が結論されるからである．

3.7.3 Hodge 分 解

以上の準備のもとに Hodge (ホッジ) 分解の説明に移ろう．これは k 形式 $\omega \in A^k(M)$ に対して $\alpha \in H^k(M)$，$\beta \in A^{k-1}(M)$，$\gamma \in A^{k+1}(M)$ が存在し，

$$\omega = \alpha + d\beta + \delta\gamma \tag{3.217}$$

と一意的に書けるというものである．この定理の厳密な証明は本書の程度を超えるので，いくつかの事実を述べることで感じをつかんでもらおう．まず，式 (3.217) の右辺の 3 つの項が互いに直交することがいえる．つまり

$$((\alpha, d\beta)) = ((\alpha, \delta\gamma)) = ((d\beta, \delta\gamma)) = 0. \tag{3.218}$$

これらは $\delta\alpha = d\alpha = 0$ と $d^2 = \delta^2 = 0$ を用いて容易に証明できる．また

$$0 = \alpha + d\beta + \delta\gamma \tag{3.219}$$

であれば δ を作用させて $\delta d\beta = 0$ から $((\beta, \delta d\beta)) = ((d\beta, d\beta)) = 0$ を経て $d\beta = 0$ がいえ，同様に d を作用させて $d\delta\gamma = 0$ から $\delta\gamma = 0$ が結論できるので，一意性も確かめることができる．

具体的な例として，再び3次元 Euclid 空間における1形式

$$\omega = B^x dx + B^y dy + B^z dz \tag{3.220}$$

を Hodge 分解すると，1形式の調和形式

$$\alpha = \alpha^x dx + \alpha^y dy + \alpha^z dz \tag{3.221}$$

と，2形式

$$\gamma = A^x dy \wedge dz + A^y dz \wedge dz + A^z dx \wedge dy \tag{3.222}$$

と，0形式，つまりスカラー関数 β を用いて

$$\boldsymbol{B} = \boldsymbol{\alpha} + \nabla\beta + \nabla \times \boldsymbol{A} \tag{3.223}$$

と書けることを意味している．通常は，無限遠でゼロとなるなどの境界条件を課すと $\boldsymbol{\alpha} = \mathbf{0}$ となり，ベクトル解析でよく知られたベクトル場を勾配と回転への離に帰着する．

4 多様体と積分

4.1 単　　体

以下，すべて n 次元 Euclid (ユークリッド) 空間で考える．
m 単体 s^m とは

$$s^m = \left\{ x = \sum_{i=0}^{m} t_i P_i \,\middle|\, t_i \geq 0, \sum_{i=0}^{m} t_i = 1 \right\} = (P_0, P_1, \ldots, P_m) \tag{4.1}$$

で定義されるが，向きをもつことに注意する．図 4.1 に示すように，0 単体から 3 単体まではそれぞれ以下のように与えられる．

0 単体は，1 点 P_0 である．

1 単体は，線分 P_0P_1 であるが，$t_1 = 0$ から 1 へ増加する向きを考える．

2 単体は，頂点の向きを考えた三角形となる．

3 単体は，四面体であり，その各面は，法線方向が右手の法則で外側を向くように定義される．

m 単体 s^m の境界 ∂s^m は

$$\partial(P_0, P_1, \ldots, P_m) = \sum_{i=0}^{m} (-1)^i (P_0, \ldots, P_{i-1}, P_{i+1}, \ldots, P_m) \tag{4.2}$$

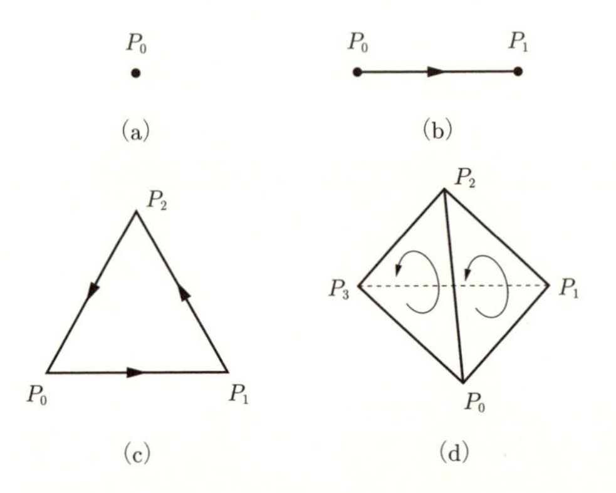

図 4.1　単体．(a) 0 単体，(b) 1 単体，(c) 2 単体，(d) 3 単体

で定義する．

$$\partial(P_0, P_1) = (P_1) - (P_0), \tag{4.3}$$

$$\partial(P_0, P_1, P_2) = (P_1, P_2) - (P_0, P_2) + (P_0, P_1). \tag{4.4}$$

式 (4.4) は，図 4.1(c) の境界に示した矢印の向きと対応している．

m 鎖とは，m 単体 s_i^m の形式的な和

$$c^m = \sum a^i s_i^m \tag{4.5}$$

で定義される．a^i は定数である．m の添字を以降省略する．$\partial c = \sum a^i(\partial s_i)$ で ∂c を定義する．このとき $\partial[\partial c] = 0$ がいえる．この事実は，いくつかの例を考えれば納得できるであろう：

$$\begin{aligned}
\partial[\partial(P_0, P_1)] &= \partial(P_1) - \partial(P_0) = 0 - 0 = 0, \\
\partial[\partial(P_0, P_1, P_2)] &= \partial(P_1, P_2) - \partial(P_0, P_2) + \partial(P_0, P_1) \\
&= [(P_1) - (P_2)] - [(P_0) - (P_2)] + [(P_0) - (P_1)] = 0.
\end{aligned} \tag{4.6}$$

つまり，「境界の境界は存在しない」ことを意味する．

標準的 n 単体 $\bar{s}^n$ を

$$\begin{aligned}
\bar{s}^n &= (R_0, R_1, \ldots, R_n), \\
R_0 &= (0, 0, \ldots, 0), \\
R_1 &= (1, 0, \ldots, 0), \\
R_2 &= (0, 1, \ldots, 0), \\
&\vdots \\
R_n &= (0, 0, \ldots, 1)
\end{aligned} \tag{4.7}$$

で定義する．

さて，次に $\mathbb{R}^n$ 上の n 形式 ω の積分を定義しよう．

$$\omega = A(x_1, \ldots, x_n)dx^1 \wedge dx^2 \cdots \wedge dx^n \tag{4.8}$$

としたとき，ω の $\bar{s}^n$ における積分を

$$\int_{\bar{s}^n} \omega = \int_{\bar{s}^n} A(x_1, \ldots, x_n)dx^1 dx^2 \ldots dx^n \tag{4.9}$$

で定義する．右辺は通常の n 重積分である．

4.2　多様体上の積分

多様体上で微分形式の積分を定義する方法は，要するに，多様体が局所的にEuclid 空間とみなせることから，後者における通常の多重積分に帰着させようということである．つまり，1.5 節で説明した微分形式の変換を用いると，多様体上での微分形式の積分を，Euclid 空間における多重積分で定義することができる．そのためには，積分領域としての多様体 M 中の n 単体や輪体をまず定義する必要がある．

M の座標 ϕ，すなわち，Euclid 空間中の近傍 U から M への写像

$$\phi : U \to M \tag{4.10}$$

を考え，ϕ によって Euclid n 単体を M 中へ写像する．この像を M 中の n 単体 σ^n とよぶ．同様に，M 中の n 鎖を形式的な和

$$c = \sum_i a_i \sigma_i^n \quad (a_i：\text{定数}) \tag{4.11}$$

で定義し，さらにその境界である $(n-1)$ 鎖を

$$\partial c = \sum_i a_i \partial \sigma_i^n \tag{4.12}$$

で定義する．すると，Euclid 空間との対応により

$$\partial(\partial c) = 0 \tag{4.13}$$

がわかる．

一方，n 鎖 Z が $\partial Z = 0$ を満たすとき，Z を輪体とよぶ．b がある鎖 c の境界，つまり $b = \partial c$ であれば，b は輪体である．

以上の準備のもとに，積分を定義しよう．

多様体 M 上の p 形式 ω と p 鎖 $c = \sum_i a_i \sigma_i$ に対して積分 $\int_c \omega$ を次のように与える：

$$\sum_i a_i \int_{\sigma_i} \omega = \sum_i a_i \int_{\bar{s}_i^p} \phi^* \omega. \tag{4.14}$$

ここで $\bar{s}_i^p$ は σ_i に対応する Euclid 空間中の p 単体で $\phi : U \to M$ は先に定義した写像である．

4.3　Stokes の 定 理

ω を $(p+1)$ 次元多様体上 M 上の p 形式，c を M 上の $(p+1)$ 鎖としたとき，$d\omega$ は $(p+1)$ 形式なので，積分

$$\int_c d\omega \tag{4.15}$$

が定義できる．Stokes (ストークス) の定理は

$$\int_c d\omega = \int_{\partial c} \omega \tag{4.16}$$

を主張する．

(証明)

$(p+1)$ 鎖である c は，$(p+1)$ 単体の s_l^{p+1} の和として表現できる．

$$c = \sum_l \lambda_l s_l^{p+1} \tag{4.17}$$

これに対応して

$$\int_c d\omega = \sum_l \lambda_l \int_{s_l^{p+1}} d\omega \tag{4.18}$$

となるから，1 つの単体 s^{p+1} に対して定理が証明できればよい．$\bar{s}^m$ を n 次元 Euclid 空間における標準的 m 単体

$$\Delta^m = \left\{ (x^1, \ldots, x^m) \in \mathbb{R}^m \middle| x^i \geq 0, \sum_{i=1}^m x^i \leq 1 \right\} \tag{4.19}$$

として座標

$$\phi : \bar{s}^{p+1} \to M \tag{4.20}$$

を用いて

$$\int_{s^{p+1}} d\omega = \int_{\bar{s}^{p+1}} \phi^* d\omega = \int_{\bar{s}^{p+1}} d(\phi^* \omega) \tag{4.21}$$

となるので，Euclid 空間における積分に対して解析を進めればよいこととなる．$d(\phi^*\omega)$ はやはり Euclid 空間における $(p+1)$ 形式である．$\phi^*\omega$ を p 形式 θ として

$$\int_{\bar{s}^{p+1}} d\theta = \int_{\partial \bar{s}^{p+1}} \theta \tag{4.22}$$

が成立すれば定理は証明されたことになる．

$$\theta = \sum_{i=1}^{p+1} A_i(x) dx^1 \wedge \cdots \wedge dx^{i-1} \wedge dx^{i+1} \wedge \cdots \wedge dx^{p+1} \tag{4.23}$$

と書ける．適当に座標を並べ換えれば

$$\theta = A(x) dx^1 \wedge \cdots \wedge dx^p \tag{4.24}$$

の場合に証明すれば十分であり，このとき

$$d\theta = (-1)^p \frac{\partial A(x)}{\partial x^{p+1}} dx^1 \wedge dx^2 \wedge \cdots \wedge dx^{p+1} \tag{4.25}$$

となる．このとき式 (4.22) の左辺は

$$\begin{aligned}\int_{\bar{s}^{p+1}} d\theta &= (-1)^p \int_{\bar{s}^p} \frac{\partial A(x)}{\partial x^{p+1}} dx^1 \ldots dx^{p+1} \\ &= (-1)^p \int_{x^i \geq 0, \sum_{i=1}^p x^i \leq 1} dx^1 \ldots dx^p \int_0^{1-\sum_{i=1}^p x^i} \frac{\partial A(x)}{\partial x^{p+1}} dx^{p+1} \\ &= (-1)^p \int_{x^i \geq 0, \sum_{i=1}^p x^i \leq 1} dx^1 \ldots dx^p \\ &\quad \times \left[A(x^1, \ldots, x^p, 1 - \sum_{i=1}^p x^i) - A(x^1, \ldots, x^p, 0) \right].\end{aligned} \tag{4.26}$$

次に式 (4.22) の右辺を考えよう．$\bar{s}^{p+1}$ の頂点を次のようにおく：

$$\begin{aligned} R_0 &= (0, 0, \ldots, 0), \\ R_1 &= (1, 0, \ldots, 0), \\ R_2 &= (0, 1, \ldots, 0), \\ &\vdots \\ R_{p+1} &= (0, 0, \ldots, 1). \end{aligned} \tag{4.27}$$

$$\begin{aligned}\partial \bar{s}^{p+1} &= (R_1, R_2, \ldots, R_{p+1}) + (-1)^{p+1} (R_0, R_1, \ldots, R_p) \\ &\quad + \left[-(R_0, R_2, \ldots, R_{p+1}) + \cdots + (-1)^p (R_0, \ldots, R_{p-1}, R_{p+1}) \right].\end{aligned} \tag{4.28}$$

この式中で $[\cdots]$ に対応する“面”では $x^1, \ldots, x^p$ のどれかが一定となるので，積分への寄与はない．よって式 (4.22) の右辺は

$$\int_{\partial \bar{s}^{p+1}} \theta = \int_{(R_1, R_2, \ldots, R_{p+1})} \theta + (-1)^{p+1} \int_{(R_0, R_1, \ldots, R_p)} \theta \tag{4.29}$$

この式の右辺第 1 項は次のように計算される．

$(R_1, R_2, \ldots, R_{p+1})$ 上の点を $(x^1, x^2, \ldots, x^p, x^{p+1})$ とすると，$\sum_{i=1}^{p+1} x^i = 1$ を満たすので $x^{p+1} = 1 - \sum_{i=1}^{p} x^i$ となり，$x^i \geq 0$ を満たす領域の積分となる．したがって

$$\int_{(R_1, R_2, \ldots, R_{p+1})} \theta = (-1)^p \int_{x^i \geq 0, \sum_{i=1}^{p} x^i \leq 1} dx^1 \ldots dx^p A(x^1, \ldots, x^p, 1 - \sum_{i=1}^{p} x^i) \tag{4.30}$$

となる．$x^{p+1} = 1 - \sum_{i=1}^{p} x^i$ とする操作により，頂点 R_{p+1} を R_0 に移すことになる (例として，2 次元の xy 平面を考えるとわかりやすい)．すなわち，$(R_1, \ldots, R_{p+1}) \mapsto (R_1, \ldots, R_p, R_0)$ となる．積分する際，単体の向き付けを考えると，$(R_1, \ldots, R_p, R_0) = (-1)^p (R_0, R_1, \ldots, R_p)$ なので，符号 $(-1)^p$ がついたのである．一方，右辺第 2 項は，$(R_0, R_1, \ldots, R_p)$ は $x^{p+1} = 0$ かつ $x^i \geq 0, \sum_{i=1}^{p} x^i \leq 1$ で定義されるので，

$$\int_{(R_0, R_1, \ldots, R_p)} \theta = \int_{x^i \geq 0, \sum_{i=1}^{p} x^i \leq 1} A(x^1, \ldots, x^p, 0) dx^1 \ldots dx^p \tag{4.31}$$

となる．以上から題意が証明された．■

以上に述べた Stokes の定理は，ベクトル解析で慣れ親しんでいるいくつもの積分定理を一般化したものであることがわかる．

例 4.1　$p = 0$ の場合，$D = [a, b] \subset \mathbb{R}$ とすると θ は 0 形式，つまり関数となり $\theta(x)$，$d\theta(x) = \frac{d\theta(x)}{dx} dx$ なので，Stokes の定理は，

$$\int_D d\theta = \int_a^b \frac{d\theta(x)}{dx} dx = \theta(b) - \theta(a) = \int_{\partial D} \theta \tag{4.32}$$

となる．ここで ∂D は $x = b$ と $x = a$ の差であることを用いた．これは微積分の基本的な関係式である．◁

例 4.2　$p = 1$ の場合，θ を 1 形式とし，M を 3 次元空間中の 3 次元多様体 (つまり曲面) とする．

$$\theta = A_x(x, y, z) dx + A_y(x, y, z) dy + A_z(x, y, z) dz \tag{4.33}$$

と書けるので，

$$d\theta = \left(\frac{\partial A_z}{\partial y} - \frac{\partial A_y}{\partial z}\right) dy \wedge dz + \left(\frac{\partial A_x}{\partial z} - \frac{\partial A_z}{\partial x}\right) dz \wedge dx + \left(\frac{\partial A_y}{\partial x} - \frac{\partial A_x}{\partial y}\right) dx \wedge dy \tag{4.34}$$

となり，Stokes の定理は，M の境界を $c = \partial M$ として

$$\int_{c=\partial M} (A_x dx + A_y dy + A_z dz) = \int_c \boldsymbol{A} \cdot d\boldsymbol{r} = \int_M \mathrm{rot}\boldsymbol{A} \cdot d\boldsymbol{S} \tag{4.35}$$

と書ける．

ここで $d\boldsymbol{r} = (dx, dy, dz), d\boldsymbol{S} = (dy \wedge dz, dz \wedge dx, dx \wedge dy)$,

$$\mathrm{rot}\boldsymbol{A} = \left(\frac{\partial A_z}{\partial y} - \frac{\partial A_y}{\partial z}, \frac{\partial A_x}{\partial z} - \frac{\partial A_z}{\partial x}, \frac{\partial A_y}{\partial x} - \frac{\partial A_x}{\partial y}\right) \tag{4.36}$$

と定義した．式 (4.35) はベクトル解析での「Stokes の定理」にほかならない．◁

例 4.3　$p = 2$，M として $\mathbb{R}^3$ 中の領域を考える．2 形式 θ は

$$\theta = A_x dy \wedge dz + A_y dz \wedge dx + A_z dx \wedge dy \tag{4.37}$$

と書けるので

$$d\theta = \left(\frac{\partial A_x}{\partial x} + \frac{\partial A_y}{\partial y} + \frac{\partial A_z}{\partial z}\right) dx \wedge dy \wedge dz \tag{4.38}$$

となる．このとき，Stokes の定理は

$$\int_M d\theta = \int_M \mathrm{div}\boldsymbol{A}\ dxdydz = \int_{s=\partial M} \boldsymbol{A} \cdot d\boldsymbol{S} \tag{4.39}$$

となる．ここで

$$\mathrm{div}\boldsymbol{A} = \frac{\partial A_x}{\partial x} + \frac{\partial A_y}{\partial y} + \frac{\partial A_z}{\partial z} \tag{4.40}$$

$s = \partial M$ は領域 M の表面を表す．式 (4.39) はベクトル解析における Gauss (ガウス) の定理である．◁

5 ホモロジーとコホモロジー

5.1 群論の準備

ホモロジー，コホモロジーはともに群に関する理論なので，群論の基礎的事項をまとめておこう．

集合 G の 2 つの元の $\alpha, \beta \in G$ に対して，積 $\alpha \circ \beta$ が定義され，それが次の 3 条件を満たしているとき，G を群とよぶ．

(i) 結合律：$(\alpha \circ \beta) \circ \gamma = \alpha \circ (\beta \circ \gamma)$

(ii) 単位元の存在：単位元 e がただ 1 つ存在し，$\alpha \circ e = e \circ \alpha = \alpha$ となる．

(iii) 逆元の存在：任意の $\alpha \in G$ に対して $\alpha \circ \alpha^{-1} = \alpha^{-1} \circ \alpha = e$ を満たす α^{-1} が一意的に存在する．α^{-1} を α の逆元とよぶ．

元の個数が有限である群を，有限群といい，元の個数を位数という．元の個数が無限の群を無限群とよぶ．群 G の部分集合 H があり，任意の $\alpha, \beta \in H$ に対して $\alpha \circ \beta \in H, \alpha^{-1} \in H$ であるとき，H は G の部分群であるという．$\alpha \circ \alpha^{-1} = e \in H$ なので，H は単位元を含む．これから H 自身も群をなすことがわかる．

G の元の α，部分群 $H \subset G$ に対して $\alpha H = \{\alpha \circ \gamma \mid \gamma \in H\}, H\alpha = \{\gamma \circ \alpha \mid \gamma \in H\}$ を定義する．任意の $\alpha \in G$ に対して，$\alpha H = H\alpha$ が成立するとき，H を G の正規部分群という．任意の $\gamma \in H, \alpha \in G$ に対し $\alpha^{-1}\gamma\alpha \in H$ であることが，H が G の正規部分群であることの必要十分条件である．

群 G から G' への写像 $f : G \to G'$ が任意の $\alpha, \beta \in G$ に対し $f(\alpha \circ \beta) = f(\alpha) \circ f(\beta)$ を満たすとき f を準同型写像という．

e を G の単位元とすると，$f(e) = f(e \circ e) = f(e) \circ f(e)$ より，$f(e) = e'$ つまり G' の単位元となる．また $f(e) = e' = f(\alpha \circ \alpha^{-1}) = f(\alpha) \circ f(\alpha^{-1})$ だから $f(\alpha)$ の逆元は $f(\alpha^{-1})$ となる．

準同型写像 $f : G \to G'$ が単射もしくは全射であるとき，それぞれ単射準同型もしくは全射準同型という．f が全単射であるとき，f を同型写像とよぶ．

2 つの群 G, G' の間に同型写像が存在するとき，G, G' は同型であるといい，$G \cong G'$ と表す．

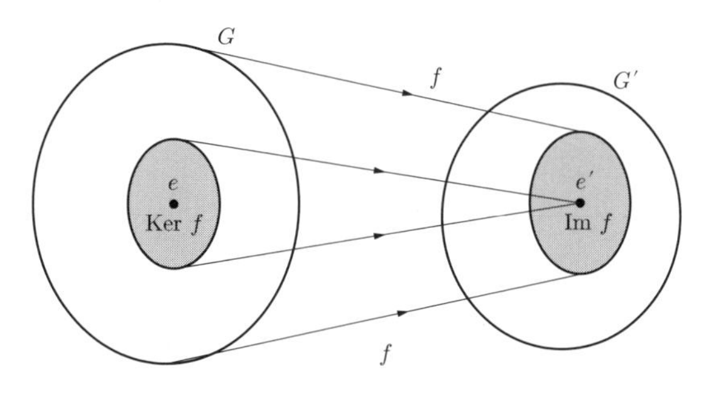

図 **5.1** 写像 $f : G \to G'$ と $\mathrm{Im}f$, $\mathrm{Ker}f$

$f : G \to G', g : G' \to G''$ をそれぞれ準同型写像とするとき，合成写像 $gf : G \to G''$ も準同型写像である．なぜなら任意の $\alpha, \beta \in G$ に対して

$$gf(\alpha \circ \beta) = g(f(\alpha \circ \beta)) = g(f(\alpha) \circ f(\beta)) = g(f(\alpha)) \circ g(f(\beta)) = gf(\alpha) \circ gf(\beta) \tag{5.1}$$

が成立するからである．

準同型写像 $f : G \to G'$ に対して $f(\alpha) = e'$ (e' は G' の単位元) となる $\alpha \in G$ のつくる G の部分集合を f の核 $\mathrm{Ker}f$ という．また，

$$\mathrm{Im}f = \{\beta \in G' | \beta = f(\alpha), \alpha \in G\} \tag{5.2}$$

を f による G の像という．図 5.1 にこの関係を図示した．

定理 5.1

(i) $\mathrm{Im}f$ は G' の部分群である．

(ii) $\mathrm{Ker}f$ は G の正規部分群である．

(iii) f が単射準同型 $\Leftrightarrow \mathrm{Ker}f = \{e\}$.

(証明)

(i) 任意の $\alpha', \beta' \in \mathrm{Im}f$ に対し $\alpha' = f(\alpha)$, $\beta' = f(\beta)$ となる $\alpha, \beta \in G$ が存在する．$\alpha' \circ \beta' = f(\alpha) \circ f(\beta) = f(\alpha \circ \beta)$ なので $\alpha' \circ \beta' \in \mathrm{Im}f$ である．$f(e) = e'$ は $\mathrm{Im}f$ の単位元である．また，$f(\alpha) \circ f(\alpha^{-1}) = f(\alpha \circ \alpha^{-1}) = f(e) = e'$ なので $f(\alpha^{-1})$ は α' の逆元 α'^{-1} である．以上より $\mathrm{Im}f \subset G'$ は群をなす．

(ii) 任意の $\alpha, \beta \in \mathrm{Ker}f$ に対し $f(\alpha \circ \beta) = f(\alpha) \circ f(\beta) = e' \circ e' = e'$ だから $\alpha \circ \beta \in \mathrm{Ker}f$ である．また $\alpha \in \mathrm{Ker}f$ に対し $f(\alpha^{-1}) = (f(\alpha))^{-1} = e'$ だから $\alpha^{-1} \in \mathrm{Ker}f$ となり，逆元も存在する．以上より $\mathrm{Ker}f$ は G の部分群である．正規部分群であることは $\alpha \in \mathrm{Ker}f$, 任意の $\gamma \in G$ に対して $f(\gamma^{-1} \circ \alpha \circ \gamma) = f(\gamma^{-1}) \circ f(\alpha) \circ f(\gamma) = (f(\gamma))^{-1} \circ e' \circ f(\gamma) = (f(\gamma))^{-1} \circ f(\gamma) = e'$ なので $\gamma^{-1} \circ \alpha \circ \gamma \in \mathrm{Ker}f$ からいえる．

(iii) f が単射準同型ならば明らかに $e \in G$ のみが $f(e) = e'$ を満たす．逆に $\mathrm{Ker}f = \{e\}$ ならば $\alpha, \beta \in G$ に対して $f(\alpha) = f(\beta)$ が成立するとすると $f(\alpha \circ \beta^{-1}) = f(\alpha) \circ f(\beta^{-1}) = f(\alpha) \circ (f(\beta))^{-1} = e'$ なので $\alpha \circ \beta^{-1} \in \mathrm{Ker}f$ つまり，$\alpha \circ \beta^{-1} = e$ となる．つまり $\alpha = \beta \in G$ が結論され f は単射となる． ■

上記の定理 (ii) より準同型写像 f に対応する G の正規部分群 $\mathrm{Ker}f$ を用いて G の商群 $G/\mathrm{Ker}f$ を定義することができる．$[\alpha] \in G/\mathrm{Ker}f$ とすると，$[\alpha]$ は $\alpha \circ \gamma$ $(\gamma \in \mathrm{Ker}f)$ と書けるすべての元を代表している．別の $\alpha' \in [\alpha]$ をとっても $\alpha' = \alpha \circ \gamma$ と書けるので

$$f(\alpha') = f(\alpha \circ \gamma) = f(\alpha) \circ f(\gamma) = f(\alpha) \circ e' = f(\alpha) \tag{5.3}$$

となり $f(\alpha)$ は $[\alpha]$ の関数を定義することになる．これを $\bar{f}([\alpha])$ と書くと，これは $G/\mathrm{Ker}f$ から $\mathrm{Im}f$ への写像

$$\bar{f} : G/\mathrm{Ker}f \longrightarrow \mathrm{Im}f \tag{5.4}$$

となる．この写像は明らかに全射である．

また，$[\alpha], [\beta] \in G/\mathrm{Ker}f$ が $\bar{f}([\alpha]) = \bar{f}([\beta])$ を満たすと，$f(\alpha) = f(\beta)$ より $f(\alpha \circ \beta^{-1}) = e'$ がいえるので $\alpha \circ \beta^{-1} \in \mathrm{Ker}f$，つまり $[\alpha] = [\beta]$ が結論される．よって $\bar{f}$ は単射でもあり，結局同型写像を与える．以上より

$$G/\mathrm{Ker}f \cong \mathrm{Im}f \tag{5.5}$$

となる．これを準同型定理という．

次に積「$\circ$」が可換である場合について考えよう．つまり任意の $\alpha, \beta \in G$ に対して $\alpha \circ \beta = \beta \circ \alpha$ が成り立つ場合である．このとき，群 G を加群もしくは可換群とよび，$\alpha \circ \beta$ を和 $\alpha + \beta$ と書く．つまり $\alpha \circ \beta = \alpha + \beta = \beta + \alpha$．これに対応して単位元 e を 0 と書き，α の逆元を $-\alpha$ と書く．n 個の α の積 $\alpha \circ \alpha \circ \cdots \circ \alpha = \alpha^n$ を $n\alpha$ と表し，$0\alpha = 0$ と決めておく．また，$\alpha + (-\beta) = \alpha - \beta$ と書く．以上の定義は通常の四則演算からなじみの深いものであろう．

加群の部分群もやはり加群であり，部分加群とよばれる．和の可換性から，部分加群 H はすべて正規部分群であり，商群 G/H が定義される．

次に，加群の直和を定義する．$G_1, G_2, \ldots, G_n$ を n 個の加群としたとき，各 G_i から $g_i \in G_i$ を取り出し，組 $(g_1, g_2, \ldots, g_n)$ をつくり，この組のつくる集合を S とし，S に対して和を

$$(g_1, g_2, \ldots, g_n) + (g'_1, g'_2, \ldots, g'_n) = (g_1 + g'_1, g_2 + g'_2, \ldots, g_n + g'_n) \tag{5.6}$$

で定義すると，S も加群となる．この加群 S を，$S = G_1 \oplus G_2 \oplus \cdots \oplus G_n$ と書き，$G_1, G_2, \ldots, G_n$ の直和という．

加群 G の部分加群 $H_1, H_2, \ldots, H_n$ に対して $h_i \in H_i$ を選んでつくった和，$h_1 + h_2 + \cdots + h_n$ で表される G の元全体の集合 H は，G の部分加群となる．この表現が一意的に定まるとき，$H = H_1 \dot{+} H_2 \dot{+} \cdots \dot{+} H_n$ と書き，H の直和分解とよぶ．$H = H_1 \dot{+} H_2 \dot{+} \cdots \dot{+} H_n$ と $H_1 \oplus H_2 \oplus \cdots \oplus H_n$ は同型である：

$$H_1 \dot{+} H_2 \dot{+} \cdots \dot{+} H_n \cong H_1 \oplus H_2 \oplus \cdots \oplus H_n. \tag{5.7}$$

G の有限個 (k 個) の元，$g_1, g_2, \ldots, g_k$ を用いて G の任意の元 $g \in G$ が，n_i を整数として，

$$g = \sum_{i=1}^{k} n_i g_i \tag{5.8}$$

と書けるとき，$g_1, g_2, \ldots, g_k$ を G の生成元という．

n 個の G の元 $g_1, \ldots, g_n$ が 1 次独立であるとは

$$\sum_{i=1}^{k} n_i g_i = 0 \tag{5.9}$$

ならば，$n_i = 0$ となることで，そうでない場合を 1 次従属という．1 次独立な元の最大数を G の階数とよび $r(G)$ と書く．

式 (5.8) が一意的に定まるとき，G が自由加群であるという．このとき，$g_1, g_2, \ldots, g_k$ は当然 1 次独立となるが，これを G の基という．g に対して $f(g) = (n_1, \ldots, n_k)$ とすると，

$$f : G \ \to \ \mathbb{Z} \oplus \mathbb{Z} \oplus \cdots \oplus \mathbb{Z} \quad (k \text{ 個の } \mathbb{Z} \text{ の直和}) \tag{5.10}$$

は同型写像となり

$$G \cong \mathbb{Z} \oplus \mathbb{Z} \oplus \cdots \oplus \mathbb{Z} \tag{5.11}$$

となる．

以上の準備のもとに，加群の基本定理を証明なしに述べよう．詳細は文献[7]を参照されたい．

定理 5.2 (加群の基本定理) 有限生成の加群 G は，

$$G \cong \underbrace{\mathbb{Z} \oplus \mathbb{Z} \oplus \cdots \oplus \mathbb{Z}}_{k\ 個} \oplus \mathbb{Z}_{l_1} \oplus \mathbb{Z}_{l_2} \oplus \cdots \oplus \mathbb{Z}_{l_s} \tag{5.12}$$

なる構造をもつ．ここで $\mathbb{Z}_l$ は，元 $\{0, 1, \ldots, l-1\}$ から成る群で，l を法として合同を定義する位数 l の巡回群である．$T = \mathbb{Z}_{l_1} \oplus \mathbb{Z}_{l_2} \oplus \cdots \oplus \mathbb{Z}_{l_s}$ を G のねじれ部分加群とよぶ．

5.2 ホモロジー群

前節で加群について述べた知識の上に，次にホモロジー群について述べる．4.1節で定義した単体や鎖を加群として捉えることにしよう．

まず単位的複体 $\mathcal{K}$ を定義する．n 次元 Euclid (ユークリッド) 空間 $\mathbb{R}^n$ の中の有限個の単体を元とする集合 $\mathcal{K}$ が，次の条件を満たすとき，$\mathcal{K}$ を単位的複合体という．

(i) $\mathcal{K}$ の任意の元について，その面はすべて $\mathcal{K}$ に属する．ここで面とは，m 単体 $\sigma^m = (P_0, P_1, \ldots, P_m)$ に対して異なる $(k+1)$ 個の頂点 $(k < m)$ を選んで k 単体 $\sigma^k = (P_{i_0}, P_{i_1}, \ldots, P_{i_k})$ をつくったもの (これをさらに詳しく k 面とよぶ) を指す．

(ii) $\mathcal{K}$ の 2 つの元の交わりは，それぞれの単体の面である．

単位的複体 $\mathcal{K}$ の元である単体の次元の最大値を $\mathcal{K}$ の次元という．

いま，p 単体を l_p 個を含む n 次元単位的複体 $\mathcal{K}$ を考え，そのすべての p 単体が生成する自由加群を $\mathcal{K}$ の p 次元の鎖群といい $C_p(\mathcal{K})$ と表す．$C_p \in C_p(\mathcal{K})$ は，

$$C_p = \sum_{i=1}^{l_p} f_i \sigma_i^p \tag{5.13}$$

と書ける．ここで σ_i^p は，p 単体，f_i は適当な整数である．

n 次元の単位的複体 $\mathcal{K}$ に対しては

$$C_0(\mathcal{K}), C_1(\mathcal{K}), \ldots, C_n(\mathcal{K}) \tag{5.14}$$

が定義される．

$$C_p(\mathcal{K}) = 0, \quad p < 0 \quad \text{または} \quad p > n \tag{5.15}$$

と便宜上定義しておく．

4.1 節で定義した境界演算子 ∂ は，$C_p(\mathcal{K})$ に作用するときには ∂_p と書くことにすると写像

$$\partial_p : C_p(\mathcal{K}) \to C_{p-1}(\mathcal{K}) \tag{5.16}$$

となる．各単体に対する ∂_p はすでに定義したから，$C_p \in C(\mathcal{K})$ に対する作用は，

$$\partial C_p = \sum_{i=1}^{l_p} f_i \partial_p \sigma_i^p \tag{5.17}$$

で定義すればよい．また，0 単体 σ^0 に対しては，$\partial_0 \sigma^0 = 0$ としておく．

$Z_p \in C_p(\mathcal{K})$ が $\partial_p Z_p = 0$ を満たすとき，Z_p を p 次元輪体もしくは p 輪体という．p 輪体は Ker ∂_p にほかならず $C_p(\mathcal{K})$ の部分群であり，

$$Z_p(\mathcal{K}) \tag{5.18}$$

と書く．一方，$(p+1)$ 鎖 c_{p+1} が存在して，$b_p = \partial_{p+1} c_{p+1}$ と書けるような $b_p \in C_p(\mathcal{K})$ もやはり，$C_p(\mathcal{K})$ の部分群であり，

$$B_p(\mathcal{K}) \tag{5.19}$$

と書く．これを p 次元境界輪体群，もしくは p 境界輪体群という．$B_p(\mathcal{K})$ は $\mathrm{Im}\, \partial_{p+1}$ にほかならない．4.1 節で示したように $\partial_p \partial_{p+1} = 0$ が成立するので

$$B_p \subset Z_p \tag{5.20}$$

がただちにいえる．両者ともに加群であるから，商群

$$H_p(\mathcal{K}) = Z_p(\mathcal{K}) / B_p(\mathcal{K}) \tag{5.21}$$

を定義することができて，これを p 次元ホモロジー群とよぶ．ホモロジー群は位相不変性をもつ．すなわち，2 つの鎖複体が組み合わせ論的に位相同型であるとき，ホモロジー群は同じものが対応する．例えば，同じ曲面を異なる単体分割したものが，これに相当する．$H_p(\mathcal{K})$ は有限生成加群であるから，加群の基本定理より，

$$H_p(\mathcal{K}) \cong \underbrace{\mathbb{Z} \oplus \mathbb{Z} \oplus \cdots \oplus \mathbb{Z}}_{k\ \text{個}} \oplus \mathbb{Z}_{l_1} \oplus \cdots \oplus \mathbb{Z}_{l_s} \tag{5.22}$$

である．このとき，右辺の無限巡回群 $\mathbb{Z}$ の個数 k は $H_p(\mathcal{K})$ の階数 $r(H_p(\mathcal{K}))$ であり $\mathcal{K}$ の p 次元 Betti (ベッチ) 数とよび $R_p(\mathcal{K})$ と書く．m 次元複体 $\mathcal{K}$ に対して，次の式で Euler (オイラー) 数 $\chi(\mathcal{K})$ を定義する：

$$\chi(\mathcal{K}) = \sum_{p=0}^{m} (-1)^p R_p(\mathcal{K}). \tag{5.23}$$

このとき次の定理が成立する．

定理 5.3 (Euler の定理) $C_p(\mathcal{K})$ の階数 $r(C_p(\mathcal{K}))$ を用いて Euler 数 $\chi(\mathcal{K})$ は

$$\chi(\mathcal{K}) = \sum_{p=0}^{m} (-1)^p r(C_p(\mathcal{K})) \tag{5.24}$$

と書ける．

(証明) $\partial_p : C_p(\mathcal{K}) \to C_{p-1}(\mathcal{K})$ の写像に対し，$\mathrm{Im}\ \partial_p = B_{p-1}$，$\mathrm{Ker}\ \partial_p = Z_p$ なので，準同型定理より，

$$B_{p-1}(\mathcal{K}) = C_p(\mathcal{K})/Z_p(\mathcal{K}) \tag{5.25}$$

である．これより $r(C_p(\mathcal{K})) = r(Z_p(\mathcal{K})) + r(B_{p-1}(\mathcal{K}))$ が成立する．一方 $r(H_p(\mathcal{K})) = r(Z_p(\mathcal{K})) - r(B_p(\mathcal{K}))$ なので，両者から

$$\begin{aligned}
\chi(\mathcal{K}) &= \sum_{p=0}^{m} (-1)^p r(H_p(\mathcal{K})) = \sum_{p=0}^{m} (-1)^p \big(r(Z_p(\mathcal{K})) - r(B_p(\mathcal{K}))\big) \\
&= r(Z_0(\mathcal{K})) + \sum_{p=1}^{m} (-1)^p \big(r(Z_p(\mathcal{K})) + r(B_{p-1}(\mathcal{K}))\big) \\
&= \sum_{p=0}^{m} (-1)^p r(C_p(\mathcal{K})) \qquad (5.26)
\end{aligned}$$

となる．■

Euler 数は，位相不変量である，つまり連続写像によって同型である集合の間では等しい値をもつことが知られている．Gauss-Bonnet (ガウス・ボンネ) の定理のところで現れた $\chi(S)$ は，以上の Euler 数の一例になっている．

5.3　ホモロジー群の実例

以上，抽象的な議論が続いたので，実例を示しておく．図 5.2 のように穴のない三角形 $(v_0v_1v_2)$，つまり 2 単体を考える．これよりつくった単体的複体 $\mathcal{K}$ は

$$\mathcal{K} = \{(v_0v_1v_2), (v_0v_1), (v_1v_2), (v_2v_0), (v_0), (v_1), (v_2)\} \tag{5.27}$$

である．これに対して $H_0(\mathcal{K})$，$H_1(\mathcal{K})$，$H_2(\mathcal{K})$ を計算しよう．まず，$H_0(\mathcal{K}) = Z_0(\mathcal{K})/B_0(\mathcal{K})$ なので，$Z_0(\mathcal{K})$ と $B_0(\mathcal{K})$ を決める必要がある．まず，$C_0(\mathcal{K})$ のすべての元 c_0 は $\partial c_0 = 0$ を満たすので，

$$C_0(\mathcal{K}) = Z_0(\mathcal{K}) \tag{5.28}$$

である．$B_0(\mathcal{K})$ は $C_1(\mathcal{K})$ から ∂ によってつくられるので，$C_1(\mathcal{K})$ の任意の元を α_1，β_1，γ_1 を整数として，

$$c_1 = \alpha_1(v_0v_1) + \beta_1(v_1v_2) + \gamma_1(v_2v_0) \tag{5.29}$$

と表すと，

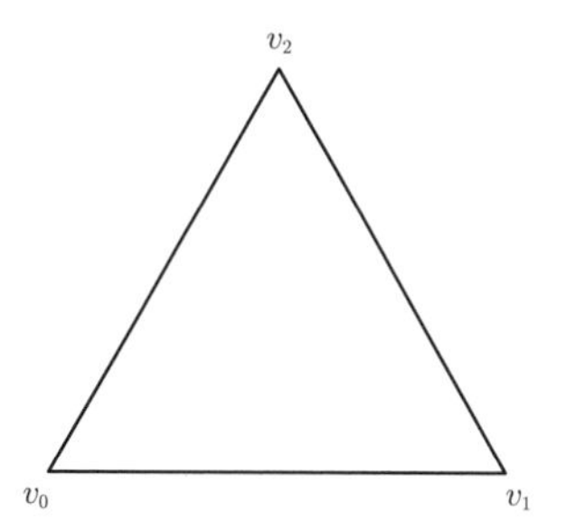

図 5.2　2 単体 $(v_0v_1v_2)$

$$\begin{aligned} b_0 = \partial c_1 &= \alpha_1(v_1 - v_0) + \beta_1(v_2 - v_1) + \gamma_1(v_0 - v_2) \\ &= (\gamma_1 - \alpha_1)v_0 + (\alpha_1 - \beta_1)v_1 + (\beta_1 - \gamma_1)v_2. \end{aligned} \tag{5.30}$$

これより ∂c_1 は 2 つの独立な生成元をもち，

$$B_0(\mathcal{K}) = \mathbb{Z} \oplus \mathbb{Z} \tag{5.31}$$

となる．$C_0(\mathcal{K}) = Z_0(\mathcal{K})$ の元 z_0 は

$$z_0 = \alpha_0 v_0 + \beta_0 v_1 + \gamma_0 v_2 \tag{5.32}$$

と書けるので，$Z_0(\mathcal{K}) = \mathbb{Z} \oplus \mathbb{Z} \oplus \mathbb{Z}$．よって，$H_0(\mathcal{K}) = \mathbb{Z}$ が結論される．次に $H_1(\mathcal{K}) = Z_1(\mathcal{K})/B_1(\mathcal{K})$ を考える．まず，$C_2(\mathcal{K})$ の元 c_2 は

$$c_2 = \alpha_2(v_0 v_1 v_2) \tag{5.33}$$

と書け，

$$\partial c_2 = \alpha_2\left((v_1 v_2) - (v_0 v_2) + (v_0 v_1)\right) \tag{5.34}$$

となる．これが $B_1(\mathcal{K})$ の元となる．一方 $Z_1(\mathcal{K})$ の元 z_1 を

$$z_1 = \alpha_1(v_0 v_1) + \beta_1(v_1 v_2) + \gamma_1(v_2 v_0) \tag{5.35}$$

と書くと，

$$\begin{aligned} \partial z_1 &= \alpha_1(v_1 - v_0) + \beta_1(v_2 - v_1) + \gamma_1(v_0 - v_2) \\ &= (\gamma_1 - \alpha_1)v_0 + (\alpha_1 - \beta_1)v_1 + (\beta_1 - \gamma_1)v_2 \end{aligned} \tag{5.36}$$

の条件から $\alpha_1 = \beta_1 = \gamma_1$ となり，結局

$$z_1 = \alpha_1\left((v_0 v_1) + (v_1 v_2) + (v_2 v_0)\right) \tag{5.37}$$

と書ける．よって，$Z_1(\mathcal{K})$ は $B_1(\mathcal{K})$ と一致する．したがって

$$H_1(\mathcal{K}) = 0. \tag{5.38}$$

最後に $H_2(\mathcal{K}) = Z_2(\mathcal{K})/B_2(\mathcal{K})$ を考える．$c_2 \in C_2(\mathcal{K})$ で $\partial c_2 = 0$ を満たす元は 0 のみであり，$C_3(\mathcal{K})$ は存在しないので，$B_2(\mathcal{K})$ の元も 0 のみ．よって，$H_2(\mathcal{K}) = 0$ となる．$H_p(\mathcal{K})$ の生成元の数 $r(H_p(\mathcal{K}))$ は，多面体 $|\mathcal{K}|$ にある $(p+1)$ 次元の穴の数という意味をもつ．上の例に即していえば，$H_1(\mathcal{K}) = 0$ は，三角形に穴が開いてないことを示している．

5.4 de Rham コホモロジー理論

ホモロジーの理論が多様体の大域的な性質を記述しているのに対して，コホモロジー理論は多様体の局所的構造に着目する．この意味で両者は相補的であるが，それを結びつけるのは，微分形式の積分と Stokes (ストークス) の定理である．多様体 M 上の閉 p 形式 ω を考える．つまり，$d\omega = 0$ である ω を元とする微分形式の集合を p 双対輪体群とよび

$$Z^p(M) \tag{5.39}$$

で表す．一方 M 上の完全 p 形式，つまり $(p-1)$ 形式 η を用いて，$\omega = d\eta$ と書ける ω を元とする集合を p 双対境界輪体群とよび

$$B^p(M) \tag{5.40}$$

で表す．$\omega \in B^p(M)$ とすると，$d\omega = d(d\eta) = 0$ が自動的にいえるので，$\omega \in Z^p(M)$，つまり

$$B^p \subset Z^p \tag{5.41}$$

となる．これから商群

$$H^p(M) = Z^p(M)/B^p(M) \tag{5.42}$$

を定義することができ，これをコホモロジー群とよぶ．p 形式の空間を A^p と書くと，外微分 d を A^{p-1} に作用するとき d_p と表記して

$$d_p : A^{p-1} \to A^p \tag{5.43}$$

となる．このとき

$$\begin{aligned} Z^p(M) &= \mathrm{Ker}\ d_{p+1}, \\ B^p(M) &= \mathrm{Im}\ d_p, \\ H^p(M) &= Z^p(M)/B^p(M) = \mathrm{Ker}\ d_{p+1}/\mathrm{Im}\ d_p \end{aligned} \tag{5.44}$$

と表現することができる．この関係を図 5.3 に示した．$H^p(M)$ の次元は $B^p(M)$ の元の差を無視した線形独立な微分形式の数であるが，実はこの次元は先に定義したホモロジー群の $H_p(M)$ の階数，つまり p 次元 Betti 数に等しい．つまり

$$r(H_p(M)) = \dim\ H^p(M). \tag{5.45}$$

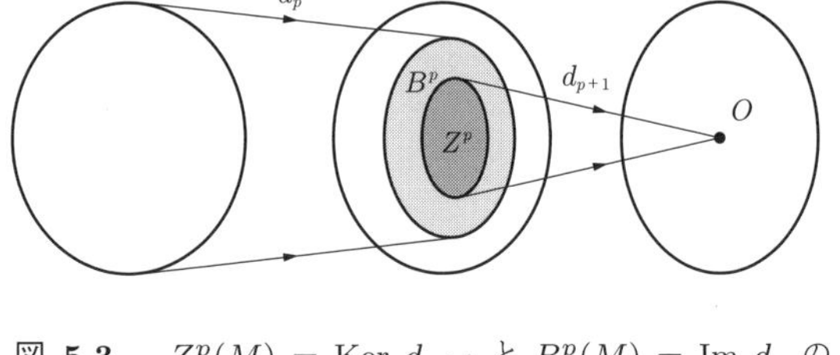

図 5.3 $Z^p(M) = \mathrm{Ker}\ d_{p+1}$ と $B^p(M) = \mathrm{Im}\ d_p$ の関係．$d_{p+1}d_p = 0$ より $Z^p(M) \subset B^p(M)$ であり，商群 $H^p(M) = B^p(M)/Z^p(M)$ が定義される

この関係は，$H_p(M)$ と $H^p(M)$ がベクトル空間として見たときに双対空間の関係にあることから示される．これを見るためには「内積」を定義する必要がある．

多様体 M 上の p 鎖 c 上での p 形式 ω の積分を

$$(\omega, c) = \int_c \omega \tag{5.46}$$

と書き，ω と c の「内積」であると解釈する．

Stokes の定理

$$\int_c d\omega = \int_{\partial c} \omega \tag{5.47}$$

は

$$(d\omega, c) = (\omega, \partial c) \tag{5.48}$$

と書ける．これは d と ∂ が互いに随伴演算子であることを意味している．$[\omega]$ と $[c]$ をそれぞれ，$H^p(M)$，$H_p(M)$ の元とすると，$[\omega]$ に属する任意の元 ω，$[c]$ に属する任意の元 c に対して，(ω, c) は同じ値をとる．なぜなら，$\omega \in Z^p(M)$，$\eta \in A^{p-1}(M)$，$c \in Z_p(M)$，$d \in C_{p+1}(M)$ として，

$$\begin{aligned}(\omega + d\eta, c + \partial d) &= (\omega, c) + (\omega, \partial d) + (d\eta, c) + (d\eta, \partial d) \\ &= (\omega, c) + (d\omega, d) + (\eta, \partial c) + (\eta, \partial^2 d) \\ &= (\omega, c)\end{aligned} \tag{5.49}$$

が結論されるからである．これを $([\omega], [c])$ と書くと，これは写像

$$H^p(M) \times H_p(M) \to \mathbb{R} \tag{5.50}$$

を与える．

5.5　Poincaré の補題と de Rham の定理

ここで $H^p(M)$ に関係して，多様体に関する定理として Poincaré (ポアンカレ) の補題について述べておく．

定理 5.4 (Poincaré の補題) 多様体 M が 1 点に変形可能ならば，開集合 $U \subset M$ 上のすべての閉形式は完全である．

この場合には，$Z^p(M) = B^p(M)$ となり，$H^p(M) = 0$ $(p \geq 1)$ となる．0 形式は関数 f なので，$f \in Z^0(M)$ は $df = 0$ を意味し，$f =$ 一定 なので，$H^0(M) = \mathbb{R}$ を得る．一般に M が連結多様体であるとき $H^0(M) = \mathbb{R}$ となる．直観的にいうと，1 点に変形可能であるとは，多様体に特異的な穴がないことを意味する．例えば Poincaré の補題の逆が適用できない例として，原点を除く 2 次元平面 $\mathbb{R}^2 - \{0\}$ で定義された微分形式

$$\omega = -\frac{y}{x^2 + y^2}\, dx + \frac{x}{x^2 + y^2}\, dy \tag{5.51}$$

を考えると，原点以外では

$$f(x, y) = \tan^{-1} \frac{y}{x} \tag{5.52}$$

として，

$$\omega = df \tag{5.53}$$

と書けるが，すぐにわかるように，$f(x, y)$ は 2 次元極座標の角度 θ なので，一価性の要求からその定義域を制限する必要がある．例えば x 軸の正の部分 $\mathbb{R}_+$ を除いた領域に限る必要があり，このことは $\mathbb{R}^2 - \{0\}$ 上で f を定義できないことを意味する．

ここで，このように多様体が 1 点に変形可能でない場合には Poincaré の補題はどのように一般化されるのであろうか．この問いに答えるのが de Rham (ド・ラーム) の定理である．ここでは，証明を与えずに定理だけを与える．

定理 5.5 (de Rham の定理) (i) 閉形式である p 形式 ω_p を p 輪体 z_p 上で積分したもの

$$\mathrm{per}(z_p) = \int_{z_p} \omega_p \tag{5.54}$$

を周期とよぶ．このとき，ω_p が完全であるための必要十分条件はすべての周期 $\mathrm{per}(z_p)$ が 0 になることである．

(ii) 輪体 z_p^i に対して実数 ξ_i が対応し，$\sum_i a_i z_i$ が境界となるときには必ず $\sum_i a_i \xi_i = 0$ の条件を満たすとする．すると，$\mathrm{per}(z_p^i) = \xi_i$ となる p 次閉形式 ω_p が存在する．

証明は文献[5]およびその引用文献を参照されたい．この定理の意味することは，微分形式を多様体上で積分することで，微分可能多様体のホモロジーおよびコホモロジーが完全に捉えることができることである．つまり $H^p(M)$ と $H_p(M)$ が退化していない内積を通じて同型であること

$$H^p(M) \cong H_p(M) \tag{5.55}$$

を示している．

ホモロジー群と同様にコホモロジー群も位相不変性をもつ．それゆえに，例えば 6.3 節で述べる特性類は位相不変性を示す．以下にいくつかの例をみてみよう．

5.6　de Rham コホモロジー群の例

1 次元球面 S^1 (つまり円周) に対して $H^p(S^1)$ を考える．一般に，M の次元を n としたとき，$H^p(M) = 0$ $(p > n)$ である．なぜなら p 形式 A^p $(p > n)$ は存在しないから．したがって，$H^0(S^1)$ と $H^1(S^1)$ のみを考えればよい．S^1 は連結多様体なので，$H^0(S^1) = \mathbb{R}$ である．次に $H^1(S^1) = Z^1(S^1)/B^1(S^1)$ について調べよう．S^1 は 1 次元多様体なので，すべての 1 形式 ω は閉形式である．つまり $A^1(S^1) = Z^1(S^1)$．いま，円周からその上の 1 点 P を除いた集合 $S^1 - \{P\}$ を考えると，これは 1 点へと変形可能である．そこで，この上で定義された関数 f を用いて

$$\omega = df \quad (S^1 - \{P\} \text{ 上で}) \tag{5.56}$$

と書ける．もし，

$$\int_{S^1} \omega = 0 \tag{5.57}$$

とすると，$\{P\}$ は測度 0 だから

$$\int_{S^1}\omega=\int_{S^1-\{P\}}\omega=\int_{S^1-\{P\}}df=\lim_{\epsilon\to 0}\{f(2\pi-\epsilon)-f(\epsilon)\}\quad(\text{無限小の正数}) \tag{5.58}$$

となり，$f(\theta)$ が周期関数であることを意味する．このとき ω は完全形式となる．ここで P として 2 次元の極座標の $\theta = 0$ の点を選んだ．次に一般の $\omega_1, \omega_2 \in Z^1(S^1) = A^1(S^1)$ を考えると，やはり $S^1 - \{P\}$ 上で，$\omega_i = df_i$ と書けるが，$\int_{S^1}\omega_i$ は 0 ではない．そこで，

$$c=\frac{\displaystyle\int_{S^1}\omega_1}{\displaystyle\int_{S^1}\omega_2} \tag{5.59}$$

として，$\int_{S^1}(\omega_1 - c\omega_2) = 0$ となり，$\omega_1 - c\omega_2$ が完全形式となる．これは，任意の閉形式 ω_1 は $c\omega_2$ と同じコホモロジー類に属することを意味する．つまり実数 c により特徴付けられるコホモロジー類があるので

$$H^1(S^1)=\mathbb{R} \tag{5.60}$$

を得る．以上の例から類推される一般的な結果として

$$\dim H^1(M)=\text{多様体の穴の数 (種数)} \tag{5.61}$$

がある．次に $H^p(S^n)\,(n \geq 2)$ について考えよう．結論から述べると，

$$\begin{aligned}
&H^p(S^n)=0 \qquad (p>n),\\
&H^n(S^n)=\mathbb{R},\\
&H^p(S^n)=0 \qquad (1\leq p<n),\\
&H^0(S^n)=\mathbb{R}
\end{aligned} \tag{5.62}$$

である．まず S^n は連結多様体だから $H^0(S^n) = \mathbb{R}$ がわかる．次に重要な関係式

$$H^p(S^n)=H^{p-1}(S^{n-1})\quad(p>1) \tag{5.63}$$

を示そう．S^n の北極 N を除いたものを $A_1 = S^n - \{N\}$，南極 S を除いたものを $A_2 = S^n - \{S\}$ とする (図 5.4)．A_1，A_2 はそれぞれ 1 点に変形可能だから ζ_1,

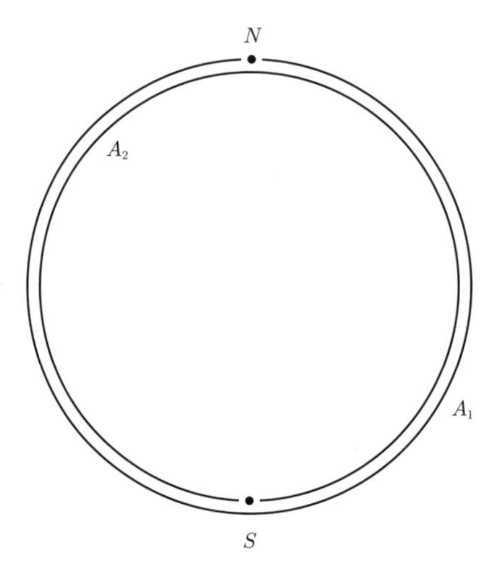

図 5.4 S^2 を $A_1 = S^2 - \{N\}$, $A_2 = S^2 - \{S\}$ の和集合 $A_1 \cup A_2$ と考える．図は断面を示す

ζ_2 を $(p-1)$ 形式として，閉 p 形式 ω は

$$\begin{aligned} \omega &= d\zeta_1 \ (A_1\text{上で}), \\ \omega &= d\zeta_2 \ (A_2\text{上で}) \end{aligned} \tag{5.64}$$

と書ける．また，$A_1 \cap A_2$ 上では

$$d(\zeta_1 - \zeta_2) = 0 \tag{5.65}$$

なので，$\rho = \zeta_1 - \zeta_2$ は閉形式となる．ω と ω' が同じコホモロジー類に属すると，ζ を $(p-1)$ 形式として

$$\omega' = \omega + d\zeta \tag{5.66}$$

と書けるので，同じ ρ を用いて上と同じ構成ができる．つまり，コホモロジー類 $[\omega]$ に 1 つの閉 $(p-1)$ 形式 ρ を対応させることができる．一方，逆に $A_1 \cap A_2$ 上に閉 $(p-1)$ 形式 ρ に対して，$A_1 \cup A_2$ 上の閉 p 形式 ω を構成しよう．U_1 と U_2 をそれぞれ南極と北極を含む開集合とし，$U_1 \cup U_2 = S^n$ であるようにとる．関数 $e_1(x)$，$e_2(x)$ を

$$e_1(x) + e_2(x) = 1 \tag{5.67}$$

を満たし，それぞれ U_1，U_2 上のみで 0 でない値をとるとして定義する．式 (5.64) において

$$\begin{aligned}\zeta_1 &= e_1\rho, \\ \zeta_2 &= -e_2\rho\end{aligned} \tag{5.68}$$

と選ぶと ω は S^n 上で閉形式となる．また，閉 $(p-1)$ 形式における同じコホモロジー類に属する ρ と ρ' があったときには $(p-2)$ 形式を μ を用いて，$\rho' = \rho + d\mu$ と書けるので，同じ ω を与えることがわかる．以上より $[\omega]$ と $[\rho]$ の間に 1 対 1 の対応が付くことがいえた．後は，$H^{p-1}(A_1 \cap A_2) = H^{p-1}(S^{n-1})$ を示せばよいが，直観的には，例えば S^2 の場合には，北極と南極を除いた球面は赤道に連続的に変形可能できることから明らかであろう．この式 (5.63) と

$$\begin{aligned}&H^0(S^n) = \mathbb{R}, \\ &H^1(S^1) = \mathbb{R}, \\ &H^1(S^n) = 0 \qquad (n > 1)\end{aligned} \tag{5.69}$$

を用いれば，式 (5.62) の結果が得られる．ここで $H^1(S^n) = 0$ は S^1 が 1 点に変形可能であることから明らかである．

6　ファイバー束と特性類

6.1　ファイバー束とは

ファイバー束とは，多様体 M の各点にファイバー F という位相空間を対応させ，局所的には両者の直積であるような空間のことである．

Möbius (メビウス) の帯を例に，その構造を示そう．図 6.1 を参照されたい．

(i)　ファイバー束 E は Möbius の帯全体

(ii)　ファイバー F は線分

(iii)　底空間 M は円周 S^1

(iv)　写像 π は線分から S^1 への射影，その逆写像 π^{-1} は S^1 の点 x から線分 F への写像

(v)　構造群 $G = \{e, g\}$

(vi)　各座標近傍 U_α を特徴付ける $\Phi_\alpha : \pi^{-1}(U_\alpha) \to U_\alpha \times F$
$x \in U_\alpha, f \in F$ に対して $\pi(\Phi_\alpha)^{-1}(x, f) = x$ を満たす．

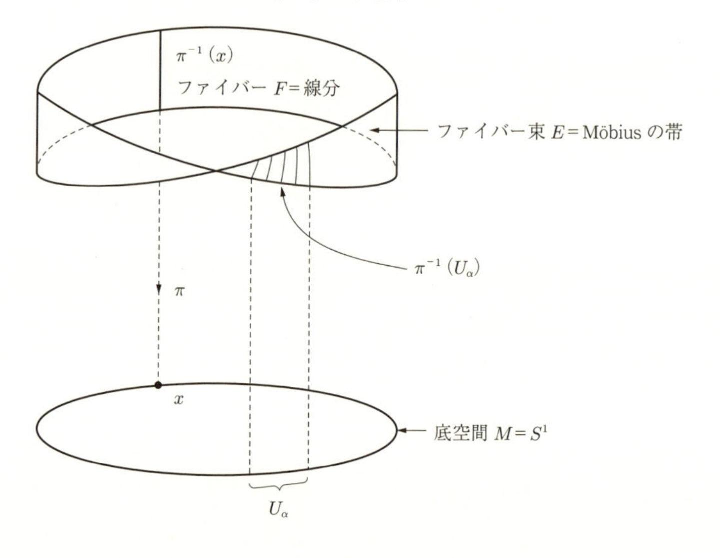

図 **6.1**　ファイバー束としての Möbius の帯

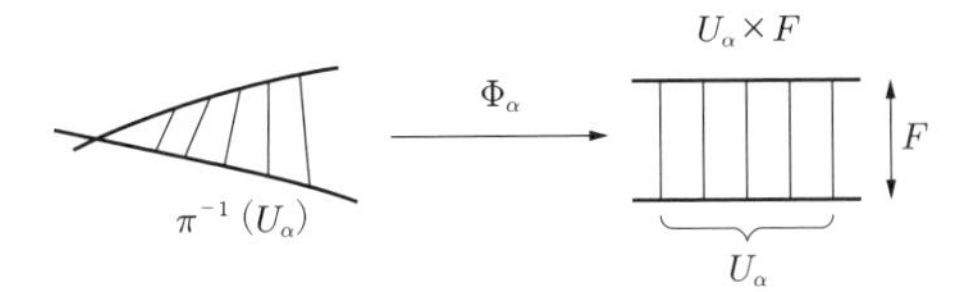

図 6.2　写像 $\Phi_\alpha : \pi^{-1}(U_\alpha) \to U_\alpha \times F$

図 6.2 に示すように，Φ_α は局所的に $\pi^{-1}(U_\alpha)$ の "ねじれを戻す" 写像と解釈すればよい.

ここで (v) の構造群に対する説明が必要である．そのために，変換関数 $g_{\alpha\beta}(x)$ を定義する．2 つの開集合 $U_\alpha, U_\beta \subset M$ を考え，$U_\alpha \cap U_\beta \neq \emptyset$ (空集合) とする．この重なりの領域 $U_\alpha \cap U_\beta$ で，

$$g_{\alpha\beta} = \Phi_\alpha \circ (\Phi_\beta)^{-1} : (U_\alpha \cap U_\beta) \times F \to (U_\alpha \cap U_\beta) \times F \tag{6.1}$$

が定義される．x を固定すると，

$$g_{\alpha\beta}(x) : F \to F \tag{6.2}$$

はファイバー F の同相写像となり，この全体は群をなす．これを構造群をよぶ．Möbius の帯についていえば G は，恒等写像 e と線分を反転する g の 2 つの元から成る.

以上はもっとも単純なファイバー束の例であるが，このほかにもいろいろな種類のファイバー束を考えることができる．以下にいくつかのファイバー束の例を挙げる.

定義 6.1 (接ベクトル束) n 次元多様体 M 上の点 p に対して，そこでの接ベクトル空間 $T_p(M)$ が考えられる．これを合わせて

$$T(M) = \bigcup_{p \in M} T_p(M) \tag{6.3}$$

を接ベクトル束とよぶ.

点 p における F の元 V は，U_α に対する $\mathbb{R}^n$ の局所座標を $(x^1, \ldots, x^n)$ として，

$$V = \sum_{i=1}^{n} a^i(p) \frac{\partial}{\partial x^i}\bigg|_p \tag{6.4}$$

と書ける．以降 Einstein (アインシュタイン) の縮約記号を用いて，同じ i が現れるときには和をとるものとし，$\sum_{i=1}^{n}$ を省略する．このとき，$(x^1, \ldots, x^n)$ を U_α の局所座標，$(y^1, \ldots, y^n)$ を U_β の局所座標とすると，$U_\alpha \cap U_\beta$ で V は 2 つの表現

$$V = a^i(p)\frac{\partial}{\partial x^i} = b^j(p)\frac{\partial}{\partial y^j} \tag{6.5}$$

をもつ．

$$\frac{\partial}{\partial y^j} = \frac{\partial x^i}{\partial y^j}\frac{\partial}{\partial x^i} \tag{6.6}$$

の関係から

$$a^i(p) = b^j(p)\frac{\partial x^i}{\partial y^j} \tag{6.7}$$

が得られ，変換関数 $g_{\alpha\beta}$ は，n 次正方行列

$$(g_{\alpha\beta})^i_j = \frac{\partial x^i}{\partial y^j} \tag{6.8}$$

となる．

定義 6.2 (余接ベクトル束) 接ベクトル空間の代わりに，その双対空間 $T^*_p(M)$ を考えると，同様に余接ベクトル束 $T^*(M) = \cup_{p\in M}T^*_p(M)$ が定義される．点 p における F の元 ω は 1 形式であり

$$\omega = a_i(p)dx^i \tag{6.9}$$

と書ける．このとき，変換関数 $g_{\alpha\beta}$ は n 次正方行列

$$(g_{\alpha\beta})^i_j = \frac{\partial y^i}{\partial x^j} \tag{6.10}$$

となる．

定義 6.3 (主ファイバー束) 一般にファイバー F と構造群 G は異なるものであるが，F として G をとることもできる．これを主ファイバー束 P という．もっとも単純な主ファイバー束は，$P = M \times G$，つまり底空間 M と構造群 G の直積であるが，非自明な P は，各 U_α 上での直積 $U_\alpha \times G$ を変換関数 $g_{\alpha\beta}$ でつないでいくことでつくることができる．

6.2　ファイバー束における接続と曲率

ファイバー束は底空間 M の各点 p に対して，ファイバー F が対応するものであるが，異なる点の間の“関係”を考える必要がある．主ファイバー束 P に対してこの問題を考えよう．P の点を u とし，$p = \pi(u) \in M$ におけるファイバーを G_p と書く (図 6.3 参照)．接空間 $T_u(P)$ の元は一般に，

$$\frac{\partial}{\partial x^\mu}\ ,\ \frac{\partial}{\partial g_{ij}} \tag{6.11}$$

の線形結合で書ける $(n+d)$ 次元の空間である．n は M の次元で $x^\mu = (x^1, \ldots, x^n)$，$G$ の次元を d とした．この $(n+d)$ 次元の空間を，d 次元の垂直部分空間 $V_u(P)$ と n 次元の水平部分空間 $H_u(P)$ の直和として表現することを考える：

$$T_u(P) = V_u(P) \oplus H_u(p). \tag{6.12}$$

単純に考えると $H_u(P)$ は，$\frac{\partial}{\partial x^\mu}$ で，$V_u(P)$ は $\frac{\partial}{\partial g_{ij}}$ で張ればよいと思うかもしれないが，局所座標が G の元 g_{ij} で，“回転していく”場合を考えると，両者の間に非自明な関わり合いが出てくるのである．この局所座標系間の“関係”を指定するのが，接続である．Lie (リー) 群 G，対応する Lie 代数 $\mathfrak{g}$ に対して，この接続を定義しよう (Lie 代数については 3.5 節を参照)．

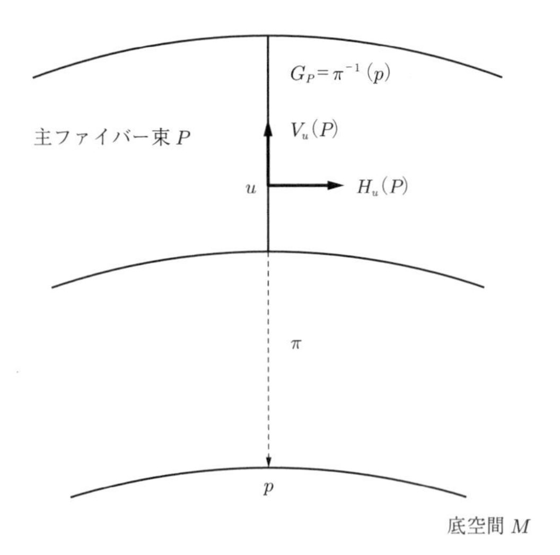

図 6.3　主ファイバー束 P の点 u における接空間 $T_u(P) = V_u(P) \oplus H_u(P)$

主ファイバー束 P の局所座標を $x \in M$, $g \in G$ として (x,g) とする．$\mathfrak{g}$ の生成元を $\{\lambda_a\}$，構造定数を f_{abc} とする．つまり，交換関係

$$\left[\frac{\lambda_a}{2i}, \frac{\lambda_b}{2i}\right] = f_{abc}\frac{\lambda_c}{2i} \tag{6.13}$$

が成立する．1 形式である接続形式 A を

$$A = A^a_\mu \frac{\lambda_a}{2i} dx^\mu \tag{6.14}$$

で定義し，やはり G の 1 形式

$$\omega = g^{-1}dg + g^{-1}Ag \tag{6.15}$$

を定義する．ω の ij 成分は行列の積の規則より，

$$\omega_{ij} = (g^{-1})_{ik}dg_{kj} + (g^{-1})_{il}A_\mu dx^\mu \frac{(\lambda_a)_{lk}}{2i} g_{kj} \tag{6.16}$$

となる．接空間 $T_u(P)$ の双対空間 $T^*_u(P)$ の基底は，dx^μ , dg_{ij} で与えられるが，$T_u(P)$ の基底 $\frac{\partial}{\partial x^v}, \frac{\partial}{\partial g_{kl}}$ との内積が，

$$\begin{aligned} \left\langle dx^\mu, \frac{\partial}{\partial x^\gamma}\right\rangle = \delta^\mu_\gamma \quad , \left\langle dx^\mu, \frac{\partial}{\partial g_{kl}}\right\rangle = 0, \\ \left\langle dg_{ij}, \frac{\partial}{\partial g_{kl}}\right\rangle = \delta^k_i \delta^l_j \quad , \left\langle dg_{ij}, \frac{\partial}{\partial x^\gamma}\right\rangle = 0 \end{aligned} \tag{6.17}$$

を満たす．これを用いて，$H_u(P)$ を

$$H_u(P) = \{X \in T_u(P) | \langle \omega, X\rangle = 0\} \tag{6.18}$$

で定義する．つまり ω に直交する $T_u(P)$ の部分空間を，水平部分空間 $H_u(P)$ とするわけである．一般に $X \in T_u(P)$ は，$a_{ij}, \beta^\mu \in \mathbb{R}$ を用いて

$$X = a_{ij}\frac{\partial}{\partial g_{ij}} + \beta^\mu \left(\frac{\partial}{\partial x^\mu} + C_{\mu ij}\frac{\partial}{\partial g_{ij}}\right) \tag{6.19}$$

と書ける．これより

$$\begin{aligned} \langle \omega_{ij}, X\rangle = \left(g^{-1}\right)_{ik} a_{lm} \left\langle dg_{kj}, \frac{\partial}{\partial g_{lm}}\right\rangle + \left(g^{-1}\right)_{ik} \beta^\mu C_{\mu lm} \left\langle dg_{kj}, \frac{\partial}{\partial g_{lm}}\right\rangle \\ + \left(g^{-1}\right)_{il} A^a_\mu \frac{(\lambda_a)_{lk}}{2i} g_{kj} \beta^\gamma \left\langle dx^\mu, \frac{\partial}{\partial x^\gamma}\right\rangle \end{aligned}$$

$$\begin{aligned}
&= \left(g^{-1}\right)_{ik} a_{kj} + \left(g^{-1}\right)_{ik} \beta^{\mu} C_{\mu kj} + \left(g^{-1}\right)_{il} A_{\mu}^{a} \frac{(\lambda_a)_{lk}}{2i} g_{kj} \beta^{\mu} \\
&= \left(g^{-1}\right)_{ik} a_{kj} + \beta^{\mu} \left\{ \left(g^{-1}\right)_{ik} C_{\mu kj} + \left(g^{-1}\right)_{il} A_{\mu}^{a} \frac{(\lambda_a)_{lk}}{2i} g_{kj} \right\} \\
&= \left(g^{-1} a\right)_{ij} + \beta^{\mu} \left\{ g^{-1} C_{\mu} + g^{-1} A_{\mu} g \right\}_{ij}
\end{aligned} \tag{6.20}$$

となる．ここで行列 $(a)_{ij} = a_{ij}$, $(C_\mu)_{ij} = C_{\mu ij}, (A_\mu)_{lk} = A_\mu^a \frac{(\lambda_a)_{lk}}{2i}$ を導入した．よって，$\langle \omega, X \rangle = g^{-1}a + \beta^\mu g^{-1}(C_\mu + A_\mu g)$．これから $\langle \omega, X \rangle = 0$ の条件より

$$a = 0, \quad C_\mu = -A_\mu g \tag{6.21}$$

が得られる．つまり，$H_u(P)$ は基底

$$D_\mu = \frac{\partial}{\partial x^\mu} - A_\mu g \frac{\partial}{\partial g} = \frac{\partial}{\partial x^\mu} - A_\mu^a \frac{(\lambda_a)_{ik}}{2i} g_{kj} \frac{\partial}{\partial g_{ij}} \tag{6.22}$$

によって張られる空間である．この D_μ を共変微分とよぶ．

以上，述べてきたことは，ゲージ理論とよばれる物理学における基本原理の数学的表現となっている．そこでのゲージ変換は，g から $g' = hg$ への変換に対応する．この変換に対して，ω が不変に保たれるという条件

$$\omega = g^{-1}dg + g^{-1}Ag = g'^{-1}dg' + g'^{-1}A'g' \tag{6.23}$$

から A' が求められる．$g'^{-1} = g^{-1}h^{-1}$ と $dg' = hdg + dh \cdot g$ から

$$\begin{aligned}
g'^{-1}dg' &= g^{-1}dg + g^{-1}h^{-1}dhg, \\
A' &= g'(g^{-1}dg - g'^{-1}dg' + g^{-1}Ag)g'^{-1} \\
&= hg(g^{-1}h^{-1}dhg + g^{-1}Ag)g^{-1}h^{-1} = h^{-1}dh + hAh^{-1}
\end{aligned} \tag{6.24}$$

を得る．これがゲージポテンシャル A の変換則となる．

以上のように $H_u(P)$ を定めると，平行移動の概念を導入することができる．

底空間の多様体 M 上の曲線 γ を考え，その上の 2 点 p_1 と p_2 を取り出し，ファイバー $\pi^{-1}(p_1)$ から $\pi^{-1}(p_2)$ への平行移動を次のように定義する．p が γ 上の p_1 から p_2 まで動くとき，対応する $\overline{\gamma} \in T_u(P)$ が常に $H_u(P)$ の中に留まるように要請したとき，$\overline{\gamma}$ は一意的に定まる．これを平行移動とよぶ．具体的にこれを数式で表現しよう．t を曲線を特徴付けるパラメータとして

$$\begin{aligned}
\gamma(t) &= (x^\mu(t)), \\
\overline{\gamma}(t) &= (x^\mu(t), g(t))
\end{aligned} \tag{6.25}$$

と書いたとき，$\overline{\gamma}(t)$ の接ベクトルは

$$\frac{d}{dt} = \dot{x}^\mu \frac{\partial}{\partial x^\mu} + \dot{g}\frac{\partial}{\partial g} \tag{6.26}$$

で与えられる．これが $H_u(P)$ に含まれるためには

$$\frac{d}{dt} = \dot{x}^\mu \left(\frac{\partial}{\partial x^\mu} - A_\mu^a \frac{\lambda_a}{2i} g \frac{\partial}{\partial g}\right) \tag{6.27}$$

である必要があるので式 (6.26) と式 (6.27) を比較すると，

$$\dot{g}(t) = -\dot{x}^\mu A_\mu^a \frac{\lambda_a}{2i} g \tag{6.28}$$

が得られる．これが $\overline{\gamma}$ 上の g の変化を与える平行移動方程式である．

以上から $\frac{d}{dt} = \dot{x}^\mu D_\mu$ と書ける．このように平行移動を定義すると，微分幾何学の章 (第 2 章) で議論した曲率を D_μ と D_ν の交換子から定義できる．

$$\begin{aligned}
[D_\mu, D_\nu] &= \left[\frac{\partial}{\partial x^\mu} - A_\mu^a \frac{\lambda_a}{2i} g \frac{\partial}{\partial g}, \frac{\partial}{\partial x^\nu} - A_\nu^b \frac{\lambda_b}{2i} g \frac{\partial}{\partial g}\right] \\
&= -\partial_\mu A_\nu^b \frac{\lambda_b}{2i} g \frac{\partial}{\partial g} + \partial_\nu A_\mu^a \frac{\lambda_a}{2i} g \frac{\partial}{\partial g} \\
&\quad + A_\mu^a A_\nu^b \left(\frac{\lambda_a}{2i} g \frac{\partial}{\partial g}\right)\left(\frac{\lambda_b}{2i} g \frac{\partial}{\partial g}\right) - A_\nu^b A_\mu^a \left(\frac{\lambda_b}{2i} g \frac{\partial}{\partial g}\right)\left(\frac{\lambda_a}{2i} g \frac{\partial}{\partial g}\right), \\
\mathcal{R}_a &= \frac{\lambda_a}{2i} g \frac{\partial}{\partial g} = \frac{1}{2i}(\lambda_a)_{jk} g_{kl} \frac{\partial}{\partial g_{jl}}
\end{aligned} \tag{6.29}$$

を定義すると

$$\begin{aligned}
[\mathcal{R}_a, \mathcal{R}_b] &= \left(\frac{1}{2i}\right)^2 (\lambda_a)_{jk} (\lambda_b)_{j'k'} \left[g_{kl}\frac{\partial}{\partial g_{jl}}, g_{k'l'}\frac{\partial}{\partial g_{j'l'}}\right] \\
&= \left(\frac{1}{2i}\right)^2 (\lambda_a)_{jk} (\lambda_b)_{j'k'} \left(g_{kl}\delta^j_{k'}\delta^l_{l'}\frac{\partial}{\partial g_{j'l'}} - g_{k'l'}\delta^{j'}_k\delta^l_{l'}\frac{\partial}{\partial g_{jl}}\right) \\
&= \left(\frac{1}{2i}\right)^2 \left\{(\lambda_a)_{jk}(\lambda_b)_{j'j} g_{kl}\frac{\partial}{\partial g_{j'l}} - (\lambda_a)_{jk}(\lambda_b)_{k'k} g_{k'l}\frac{\partial}{\partial g_{jl}}\right\} \\
&= \left[\left(\frac{\lambda_b}{2i}\right)\left(\frac{\lambda_a}{2i}\right)\right]_{j'k} g_{kl}\frac{\partial}{\partial g_{j'l}} - \left[\left(\frac{\lambda_a}{2i}\right)\left(\frac{\lambda_b}{2i}\right)\right]_{jk'} g_{k'l}\frac{\partial}{\partial g_{jl}} \\
&= \left[\frac{\lambda_b}{2i}, \frac{\lambda_a}{2i}\right]_{jk} g_{kl}\frac{\partial}{\partial g_{jl}} = -f_{abc}\left(\frac{\lambda_c}{2i}\right)_{jk} g_{kl}\frac{\partial}{\partial g_{jl}} \\
&= -f_{abc}\mathcal{R}_c
\end{aligned} \tag{6.30}$$

と交換子が計算できる．以上より

$$[D_\mu, D_\nu] = -\partial_\mu A_\nu^a \mathcal{R}_a + \partial_\nu A_\mu^a \mathcal{R}_a - A_\mu^a A_\nu^b (f_{abc}\mathcal{R}_c)$$
$$= -(\partial_\mu A_\nu^a - \partial_\nu A_\mu^a + f_{abc} A_\mu^b A_\nu^c)\mathcal{R}_a \equiv -F_{\mu\nu}^a \mathcal{R}_a \tag{6.31}$$

を得る．この $F_{\mu\nu}^a$ はゲージ場の強さとよばれる量で，幾何学の言葉では曲率を表している．曲率2形式を

$$F = \frac{1}{2} F_{\mu\nu}^a \frac{\lambda_a}{2i} dx^\mu \wedge dx^\nu \tag{6.32}$$

で定義すると，先に導入した1形式 $A = A_\mu^a \frac{\lambda_a}{2i} dx^\mu$ を用いて

$$F = dA + A \wedge A \tag{6.33}$$

となることが容易に確かめられる．また1形式 ω から

$$\Omega = d\omega + \omega \wedge \omega = g^{-1}(dA + A \wedge A)g = g^{-1}Fg \tag{6.34}$$

を導くことができる．

a.　共変外微分

上に得た関係式 $F = dA + A \wedge A$ を，1形式 A にある外微分演算 D を作用させて2形式 F をつくったと解釈しよう．つまり外微分の概念を，共変微分へと拡張するのである．一般には $s \in F$ をファイバーの元，$\theta \in A^p(M)$ を p 形式として $\omega = \theta \otimes s$ と書くと

$$D\omega = D(\theta \otimes s) = d\theta \otimes s + (-1)^p \theta \otimes \nabla s \tag{6.35}$$

によって定義する．ここで作用素 ∇ は関数を外微分して1形式をつくる作用素 d で微分 $\frac{\partial}{\partial x^\mu}$ を共変微分 D_μ で置き換えたものである．これは，作用される形式が $h \in G$ に対してどのように変換するかで異なる4種類のタイプがある．

(i)　ω が不変に保たれるとき：$D\omega = d\omega$ (通常の外微分)

(ii)　ω がベクトルの変換則 $\omega' = h'\omega$ に従うとき：$D\omega = d\omega + A \wedge \omega$
　このとき $(D\omega)' = h^{-1}D\omega$

(iii)　ω が行列の変換則 $\omega' = h^{-1}\omega h$ に従うとき：

$$D\omega = d\omega + A \wedge \omega + (-1)^{p+1}\omega \wedge A$$

　このとき $(D\omega)' = h^{-1}(D\omega)h$ と変換する．

(iv)　$\omega = A$ が接続 1 形式であるとき，つまり $A' = h^{-1}Ah + h^{-1}dh$ と変換されるとき：$DA = dA + A \wedge A$
このとき $(DA)' = h^{-1}(DA)h$

b. Bianchi (ビアンキ) の恒等式

F は行列の変換則に従う 2 形式だから (iii) の $p = 2$ の場合に相当し

$$DF = dF + A \wedge F - F \wedge A \tag{6.36}$$

となる．$F = dA + A \wedge A$ を代入すると，

$$\begin{aligned} DF &= d(dA + A \wedge A) + A \wedge (dA + A \wedge A) - (dA + A \wedge A) \wedge A \\ &= dA \wedge A - A \wedge dA + A \wedge dA + A \wedge A \wedge A - dA \wedge A - A \wedge A \wedge A \\ &= 0 \end{aligned} \tag{6.37}$$

となる．これを Bianchi の恒等式とよぶ．

c. Maxwell (マクスウェル) 接続

以上述べてきたことの一例として物理学における電磁場のことを調べよう．この場合は構造群 G が可換群 $U(1)$ となる．M は 4 次元の Minkowski (ミンコウスキー) 空間で，$x^\mu = (t, x, y, z)$ となる．$A = A_\mu dx^\mu$ から $A \wedge A = 0$ なので

$$\begin{aligned} F &= dA = \partial_\nu A_\mu dx^\nu \wedge dx^\mu \\ &= \frac{1}{2}(\partial_\mu A_\nu - \partial_\nu A_\mu) dx^\mu \wedge dx^\nu = \frac{1}{2} F_{\mu\nu} dx^\mu \wedge dx^\nu \end{aligned} \tag{6.38}$$

となり，計量テンソル

$$g^{\mu\nu} = \begin{pmatrix} -1 & & & \\ & 1 & & \\ & & 1 & \\ & & & 1 \end{pmatrix} \tag{6.39}$$

を用いて $F^{\mu\nu} = g^{\mu\alpha} g^{\nu\beta} F_{\alpha\beta}$ を定義すると，電場 $\boldsymbol{E} = (E_x, E_y, E_z)$ と磁場 $\boldsymbol{B} = (B_x, B_y, B_z)$ を用いて

$$F^{\mu\nu} = \begin{pmatrix} 0 & E_x & E_y & E_z \\ -E_x & 0 & B_x & -B_y \\ -E_y & -B_x & 0 & B_z \\ -E_z & B_y & -B_z & 0 \end{pmatrix} \tag{6.40}$$

と書ける．

Bianchi の恒等式は，

$$DF = dF + A \wedge F - F \wedge A = 0 \tag{6.41}$$

であるが右辺第 2 項，第 3 項が消えるため $dF = 0$ となり，具体的に $F_{\mu\nu}$ を用いると $dF = \frac{1}{2}\partial_\lambda F_{\mu\nu} dx^\lambda \wedge dx^\mu \wedge dx^\nu = 0$ より

$$\varepsilon^{\lambda\mu\nu}\partial_\lambda F_{\mu\nu} = 0 \tag{6.42}$$

となる．これは Maxwell 方程式の中の 2 組

$$\mathrm{div}\boldsymbol{B} = 0 \ \ , \ \ \nabla \times \boldsymbol{E} + \frac{\partial \boldsymbol{B}}{\partial t} = 0 \tag{6.43}$$

を与える．後の 2 組

$$\mathrm{div}\boldsymbol{E} = \rho \ , \ \frac{\partial \boldsymbol{E}}{\partial t} - \nabla \times \boldsymbol{B} = -\boldsymbol{j} \tag{6.44}$$

は 4 次元カレント $j^\mu = (\rho, j_x, j_y, j_z)$ を用いて

$$\partial_\nu F^{\mu\nu} = j^\mu \tag{6.45}$$

さらに，双対テンソル ${}^*F_{\mu\nu}$ を完全反対称テンソル $\varepsilon_{\mu\nu\alpha\beta}$ を用いて ${}^*F_{\mu\nu} = \frac{1}{2}\varepsilon_{\mu\nu\alpha\beta}F^{\alpha\beta}$，双対カレントを ${}^*J_{\mu\nu\rho} = \varepsilon_{\mu\nu\rho\alpha}j^\alpha$ で定義すると式 (6.45) は，2 形式 ${}^*F = \frac{1}{2}{}^*F_{\mu\nu}dx^\mu \wedge dx^\nu$ と，3 形式 ${}^*J = J_{\mu\nu\rho}dx^\mu \wedge dx^\nu \wedge dx^\rho$ を用いて

$$D^*F = {}^*J \tag{6.46}$$

と書ける．ゲージ変換は $h(x) = e^{i\Lambda(x)} \in U(1)$ に対して

$$A' = hdh^{-1} + hAh^{-1} = -i\partial_\mu\Lambda \cdot dx^\mu + A \tag{6.47}$$

より

$$A'_\mu = A_\mu - i\partial_\mu\Lambda \tag{6.48}$$

となる．

Maxwell 接続は，さらにいろいろな場合 (例えば非可換な構造群) に拡張することができて，物理学における「ゲージ理論」とよばれるもののひな型となっている．

6.3 特　性　類

6.3.1 コホモロジー類としての特性類

特性類はファイバー束 E の底空間 M のコホモロジー類の部分集合であり，変換関数 $g_{\alpha\beta}$ によって特徴付けられる E の "非自明性" に関する情報を与えるものである．この特性類を定義するために，不変多項式をまず定義する．G を m 次の行列群，$\mathfrak{g}$ をその Lie 代数，$\mathfrak{g}$ の生成元を $\{\lambda_i\}$ とする．I を単位行列，$X = a_i\lambda_i \in \mathfrak{g}$ として

$$\det\left(tI + i\frac{X}{2\pi}\right) = \sum_{j=0}^{m} P_{m-j}t^j = t^m P_0 + t^{m-1}P_1 + \cdots + P_m \tag{6.49}$$

を考える．$X \in \mathfrak{g}, A \in G$ に対して $P_j(A^{-1}XA) = P_jX$ を満たすとき，$P_j(X)$ を不変多項式とよぶが，式 (6.49) の行列式は，この条件を満たすことがただちにわかる．また，c を定数，あるいは関数として $P_j(cX) = c^jP_j(X)$ も明らかであろう．この X の代わりに，2 形式 F を代入すると，$P_j(F)$ は $2j$ 形式となる．この $P_j(F)$ について以下の命題が成立する．

(i) $P_j(F)$ は閉形式，つまり $dP_j(F) = 0$

(ii) $P_j(F)$ は接続 A，および曲率 F に依らない．つまり $P_j(F) - P_j(F')$ は完全形式である．

以下，2 つの命題を証明する．

(証明)　(i) まず j 次の不変多項式 $P_j(X)$ は，やはり j 次の多重線形対称多項式

$$\tilde{P}(x_1, \ldots, x_j) \tag{6.50}$$

で

$$\tilde{P}(AX_1A^{-1}, \ldots, AX_jA^{-1}) = \tilde{P}(X_1, \ldots, X_j) \tag{6.51}$$

を満たすものを用いて

$$P_j(X) = \tilde{P}(X, X, \ldots, X) \tag{6.52}$$

と表現できることに注意する．Lie 群 G に対し，$A \in G$ は生成元 $X \in \mathfrak{g}$ を用いて

$$A = \exp(tX) \tag{6.53}$$

と書ける．いま t が無限小だとして，$A = 1 + tX$, $A^{-1} = 1 - tX$ だから t の 1 次までで

$$\begin{aligned}
&\tilde{P}(X_1 + t[X, X_1], X_2 + t[X, X_2], \ldots, X_j + t[X, X_j]) \\
&= \tilde{P}(X_1, \ldots, X_j) + \sum_{1 \le r \le j} \tilde{P}(X_1, \ldots, t[X, X_r], \ldots, X_j) + O(t^2) \\
&= \tilde{P}(X_1, X_2, \ldots, X_j)
\end{aligned} \tag{6.54}$$

であり，$\tilde{P}$ の多重線形性より

$$\sum_{1 \le r \le j} \tilde{P}(X_1, \ldots, [X, X_r], \ldots, X_j) = 0 \tag{6.55}$$

を得る．次に X, X_r の代わりに以下の微分形式 Ω，Ω_r を代入することを考えよう．d 形式 $A = X\eta$ ($X \in \mathfrak{g}, \eta$ は d 形式) と d_i 形式 $\Omega_i = X_i \eta_i$ ($X_i \in \mathfrak{g}$, η_i は d_i 形式) として，交換子

$$\begin{aligned}
[\Omega_i, A] &\equiv \eta_i \wedge \eta [X_i, X] \\
&= X_i X (\eta_i \wedge \eta) - (-1)^{dd_i} X X_i (\eta \wedge \eta_i)
\end{aligned} \tag{6.56}$$

を定義する．ここで式 (6.55) を微分形式に対して拡張する．η, η_i の間の交換に伴う符号因子が生じ，

$$\begin{aligned}
&\tilde{P}(\Omega_1, \ldots, [\Omega_r, A], \ldots, \Omega_j) \\
&= \eta \wedge \eta_1 \wedge \cdots \wedge \eta_j (-1)^{d(d_1 + \cdots + d_r)} \times \tilde{P}(X_1, \ldots, [X_r, X], \ldots, X_j)
\end{aligned} \tag{6.57}$$

の関係があるので，式 (6.55) より

$$\sum_{r=1}^{j} (-1)^{d(d_1 + \cdots + d_r)} \tilde{P}_r(\Omega_1, \ldots, [\Omega_r, A], \ldots, \Omega_j) = 0 \tag{6.58}$$

が得られる．以上の一般論をもとに，A として 1 形式 $A = A^a_\mu \frac{\lambda_a}{2i} dx^\mu$ を代入すると，$d = 1$ なので $[\Omega_r, A] = \Omega_r A - (-1)^{d_r} A \Omega_r$ となり式 (6.58) から

$$\sum_{r=1}^{j}\Big\{(-1)^{d_1+\cdots+d_r}\tilde{P}(\Omega_1,\ldots,\Omega_r A,\ldots,\Omega_j) - (-1)^{d_1+\cdots+d_{r-1}}\tilde{P}(\Omega_1,\ldots,A\Omega_r,\ldots,\Omega_j)\Big\} = 0 \tag{6.59}$$

を得る．

一方

$$d\tilde{P}(\Omega_1,\ldots,\Omega_j) = \sum_{1\leq r\leq j}(-1)^{d_1+\cdots+d_{r-1}}\tilde{P}(\Omega_1,\ldots,d\Omega_r,\ldots,\Omega_j) \tag{6.60}$$

なので，上式の右辺に式 (6.59) のマイナスを足すと，

$$\begin{aligned} d\tilde{P}(\Omega_1,\ldots,\Omega_j) &= \sum_{1\leq r\leq j}(-1)^{d_1+\cdots+d_{r-1}}\Big\{\tilde{P}(\Omega_1,\ldots,d\Omega_r,\ldots,\Omega_j) \\ &\qquad +\tilde{P}(\Omega_1,\ldots,A\Omega_r,\ldots,\Omega_j) - \tilde{P}(\Omega_1,\ldots,(-1)^{d_r}\Omega_r\omega,\ldots,\Omega_j)\Big\} \\ &= \sum_{1\leq r\leq j}(-1)^{d_1+\cdots+d_{r-1}}\tilde{P}(\Omega_1,\ldots,D\Omega_r,\ldots,\Omega_j) \end{aligned} \tag{6.61}$$

となる．ここで行列の変換則に従う微分形式に対する共変外微分

$$D\Omega_r = d\Omega_r + A\Omega_r - (-1)^{d_r}\Omega_r A \tag{6.62}$$

を用いた (記号 $\wedge$ を省略している)．また，$A = A_\mu^a \frac{\lambda_a}{2i}dx^\mu$ は 1 形式である．Ω_r としてすべて同じ 2 形式 F を代入すると，Bianchi の恒等式より

$$DF = dF + AF - FA = 0 \tag{6.63}$$

なので $dP_j = 0$ を得る ((i) の証明終わり)．次に (ii) の証明のために，2 つの異なる接続 A と A' を考える．両者をつなぐ $A^t = A + t(A' - A)$ $(0 \leq t \leq 1)$ を定義すると，対応する曲率は

$$\begin{aligned} F^t &= dA^t + A^t \wedge A^t \\ &= dA + tda + (A + ta) \wedge (A + ta) \\ &= dA + A \wedge A + t(da + A \wedge a + a \wedge A) + t^2 a \wedge a \end{aligned} \tag{6.64}$$

となる．ここで $a = A' - A$ を導入した．a は 1 形式の行列の変換則に従うので，

共変外微分のケース (iii) に属し，

$$Da = da + A \wedge a + a \wedge A \tag{6.65}$$

となる．よって

$$F^t = F + tDa + t^2 a \wedge a \tag{6.66}$$

となる．これより

$$\begin{aligned}
&\frac{d}{dt}\tilde{P}\left(F^t, F^t, \ldots, F^t\right) \\
&= \tilde{P}\left(Da, F^t, \ldots, F^t\right) + \tilde{P}\left(F^t, Da, F^t, \ldots, F^t\right) + \cdots + \tilde{P}\left(F^t, \ldots, F^t, Da\right) \\
&\quad + 2t\Big\{\tilde{P}\left(a \wedge a, F^t, \ldots, F^t\right) + \tilde{P}\left(F^t, a \wedge a, F^t, \ldots, F^t\right) \\
&\quad + \cdots + \tilde{P}\left(F^t, \ldots, F^t, a \wedge a\right)\Big\} \\
&= j\tilde{P}\left(Da, F^t, \ldots, F^t\right) + 2tj\tilde{P}\left(a^2, F^t, \ldots, F^t\right)
\end{aligned} \tag{6.67}$$

ここで $D_t F^t = dF^t + [A^t, F^t] = 0$ を使うと $DF^t = dF^t + [A, F^t] = -[A^t, F^t] + [A, F^t] = -t[a, F^t] = t[F^t, a]$ となる．

以上の準備の上で次の量を考える：

$$d\tilde{P}(a, \underbrace{F^t, F^t, \ldots, F^t}_{(j-1)\ 個}) = \tilde{P}(da, F^t, \ldots, F^t) - (j-1)\tilde{P}(a, dF^t, \ldots, F^t). \tag{6.68}$$

ここで式 (6.58) において，$A = A^a_\mu \frac{\lambda a}{2i} dx^\mu$ $(d = 1)$, $\Omega_1 = a$ $(d_1 = 1)$, $\Omega_2 = \cdots = \Omega_j = F^t$ $(d_r = 2, 2 \leq r \leq j)$ とおくと

$$-\tilde{P}\left([a, A], F^t, \ldots, F^t\right) + \sum_{r=2}^{j}(-1)^{1+2(r-1)}\tilde{P}\left(a, F^t, \ldots, [F^t, A], \ldots, F^t\right) = 0 \tag{6.69}$$

となる．$\tilde{P}$ の対称性から，($[a, A] = [A, a]$ を考慮して)

$$\tilde{P}\left([A, a], F^t, \ldots, F^t\right) - (j-1)\tilde{P}\left(a, [A, F^t], F^t, \ldots, F^t\right) = 0 \tag{6.70}$$

がいえる．この式を式 (6.68) の右辺に加えると

$$
\begin{aligned}
&d\tilde{P}\left(a, F^t, \ldots, F^t\right) \\
&= \tilde{P}\left(da + [A, a], F^t, \ldots, F^t\right) - (j-1)\tilde{P}\left(a, dF^t + [A, F^t], F^t, \ldots, F^t\right) \\
&= \tilde{P}\left(Da, F^t, \ldots, F^t\right) - (j-1)\tilde{P}\left(a, DF^t, F^t, \ldots, F^t\right) \\
&= \tilde{P}\left(Da, F^t, \ldots, F^t\right) - (j-1)t\tilde{P}\left(a, [F^t, a], F^t, \ldots, F^t\right) \qquad (6.71)
\end{aligned}
$$

次に式 (6.58) で $A = \Omega_1 = a$ $(d = d_1 = 1)$, $\Omega_2 = \cdots = \Omega_j = F^t$ $(d_r = 2, 2 \leq r \leq j)$ とおくと,

$$
\begin{aligned}
&- \tilde{P}\left([a, a], F^t, \ldots, F^t\right) + \sum_{r=2}^{j}(-1)^{1+2(r-1)}\tilde{P}\left(a, F^t, \ldots, [F^t, a], \ldots, F^t\right) \\
&= -2\tilde{P}\left(a^2, F^2, \ldots, F^2\right) - (j-1)\tilde{P}\left(a, [F^t, a], F^t, \ldots, F^t\right) = 0 \qquad (6.72)
\end{aligned}
$$

が結論される．ただしここで $[a, a] = a \wedge a + a \wedge a = 2a^2$ を使った．これより式 (6.71) は,

$$
d\tilde{P}\left(a, F^t, \ldots, F^t\right) = \tilde{P}\left(Da, F^t, \ldots, F^t\right) + 2t\tilde{P}\left(a^2, F^t, \ldots, F^t\right) \qquad (6.73)
$$

となり，これを式 (6.67) を比べると結局

$$
\frac{d}{dt}\tilde{P}\left(F^t, \ldots, F^t\right) = jd\tilde{P}\left(a, F^t, \ldots, F^t\right) \qquad (6.74)
$$

という関係が得られる．これを t について 0 から 1 まで積分すると

$$
\begin{aligned}
\int_0^1 dt \frac{d}{dt} P\left(F^t\right) &= P\left(F^{t=1}\right) - P\left(F^{t=0}\right) \\
&= P\left(F'\right) - P(F) = d\int_0^1 dt\tilde{P}\left(a, F^t, \ldots, F^t\right) \qquad (6.75)
\end{aligned}
$$

となるので $P(F') - P(F)$ は完全形式となる．■

以上の命題 (i)，(ii) から，閉形式 $P(F)$ は F に依らずに底空間 M のコモホロジー類をなすことがわかった．これを特性類とよんでいる．

6.3.2 Chern 類

Chern (チャーン) 類は，構造群 G が一般の k 次元行列 $GL(k, \mathbb{C})$ に対して定義されるが，以下では具体例として $G = SU(k)$ (k 次元特殊ユニタリ行列群) の場

合を考える．底空間 M の次元を n とする．不変多項式を考えると，

$$\det\left(tI + i\frac{F}{2\pi}\right) = H(t) = \sum_{j=0}^{k} P_j(F)t^{k-j} \tag{6.76}$$

として，$c_j(P) = P_j(F)$ を主ファイバー束 P の j 次元 Chern 類とよぶ．すぐに，

$$H(0) = \det\left(\frac{iF}{2\pi}\right) = c_k(P) \tag{6.77}$$

がいえる．また，$2j > n$ に対して $p_j(F) = c_j(P) = 0$ もすぐにわかる．なぜなら $P_j(F)$ は n 次元底空間 M の $2j$ 形式だから．$k = 1, 2$ の場合にその具体形を求めてみよう．

<u>$k = 1$</u>

この場合は，$\det\left(tI + i\frac{F}{2\pi}\right) = t + i\frac{F}{2\pi}$ なので，$c_0(P) = 1$, $c_1(P) = \frac{i}{2\pi}F = \frac{i}{2\pi}\frac{1}{2}F_{\mu\nu}dx^{\mu} \wedge dx^{\nu}$ となる．

<u>$k = 2$</u>

Lie 代数 $\mathfrak{su}(2)$ の生成元は Pauli (パウリ) 行列 $\sigma^1, \sigma^2, \sigma^3$ で $F = \frac{1}{2i}F^a\sigma^a$ と書ける．これから

$$\begin{aligned}
&\det\left(tI + \frac{i}{2\pi}F\right) \\
&= \det\left(tI + \frac{1}{4\pi}F^a\sigma^a\right) \\
&= t^2 - \frac{1}{16\pi^2}(F^1 \wedge F^1 + F^2 \wedge F^2 + F^3 \wedge F^3) \\
&= t^2 - \frac{1}{16\pi^2}F^a \wedge F^a
\end{aligned} \tag{6.78}$$

となる．これより

$$c_0(P) = 1, \quad c_1(P) = 0, \quad c_2(P) = -\frac{1}{16\pi}F^a \wedge F^a \tag{6.79}$$

が Chern 類を与える．

6.3.3　Pontryagin　類

構造群 G が $O(k), F \in \mathfrak{o}(k)$ に対して

$$H(t) = \det\left(tI + \frac{F}{2\pi}\right) = \sum_{j=0}^{k} P_j(F)t^{k-j} \tag{6.80}$$

を定義すると，これも不変多項式であり，$P_j(F)$ 閉形式で，M のコホモロジー類を与える．k 次元の行列 F は，$F^{\mathsf{T}} = -F$ (F^{T} は F の転置行列) を満たす．一般に行列 X に対して $\det X = \det X^{\mathsf{T}}$ だから

$$\det\left(tI + \frac{F}{2\pi}\right) = \det\left(tI - \frac{F^{\mathsf{T}}}{2\pi}\right) = \det\left(tI - \frac{F}{2\pi}\right) = (-1)^k \det\left(-tI + \frac{F}{2\pi}\right). \tag{6.81}$$

これより $H(t) = (-1)^k H(-t)$ がいえるので

$$\sum_{j=0}^{k} P_j(F) t^{k-j} = (-1)^k \sum_{j=0}^{k} P_j(F)(-t)^{k-j} = \sum_{j=0}^{k} P_j(F) t^{k-j}(-1)^j. \tag{6.82}$$

よって $P_j(F) = (-1)^j P_j(F)$ なので j が奇数のときは，$P_j(F) = 0$ となる．したがって $j = 2n$ (偶数) のときのみ $P_{j=2n}(F)$ は有限で，これを Pontryagin (ポントリャーギン) 類

$$P_n(P) = P_{2n}(F) \tag{6.83}$$

と定義する．

もう少し具体的に行列を調べよう．F が実行列なので，$F^{\mathsf{T}} = -F$ は iF が Hermite (エルミート) 行列であることを意味する．そこで F を対角化すると，ユニタリ行列 U と対角行列 D を用いて $F = U^{\dagger} D U$ と書けるが，Hermite 行列の固有値はすべて実であることから F の固有値はすべて純虚数 (もしくは 0) であることがいえる．また，k が奇数のときには $\det F = -\det F = 0$ なので，必ず固有値の 1 つは 0 となる．固有値を $i\lambda_1, i\lambda_2, \ldots, i\lambda_k$ とすると ($\lambda_1, \ldots, \lambda_k$ は実数)，

$$H(t) = \det\left(tI - \frac{F}{2\pi}\right) = \prod_{j=1}^{k}\left(t - i\frac{\lambda_j}{2\pi}\right) \tag{6.84}$$

となるが，これは必ず実数を係数とする t の多項式であるから $i\lambda_i$ と $-i\lambda_i$ が必ず組になって現れる必要がある．結局 k が偶数の場合は $k = 2m$ として

$$D = \begin{pmatrix} i\lambda_1 & & & & & & \\ & -i\lambda_1 & & & & & \\ & & i\lambda_2 & & & & \\ & & & -i\lambda_2 & & & \\ & & & & \ddots & & \\ & & & & & i\lambda_m & \\ & & & & & & -i\lambda_m \end{pmatrix} \tag{6.85}$$

$k = 2m + 1$ が奇数のときには

$$D = \begin{pmatrix} i\lambda_1 & & & & & & & \\ & -i\lambda_1 & & & & & & \\ & & i\lambda_2 & & & & & \\ & & & -i\lambda_2 & & & & \\ & & & & \ddots & & & \\ & & & & & i\lambda_m & & \\ & & & & & & -i\lambda_m & \\ & & & & & & & 0 \end{pmatrix} \tag{6.86}$$

という形をもつ．両者を合わせて $m = [k/2]$ と書くと，

$$H(t) = \prod_{j=1}^{[k/2]} \left(t^2 + x_j^2\right), \qquad \left(x_j = \frac{\lambda_j}{2\pi}\right) \tag{6.87}$$

となるので，

$$P_n(P) = \sum_{i_1 < \cdots < i_n}^{[k/2]} x_{i_1}^2 x_{i_2}^2 \ldots x_{i_n}^2 \tag{6.88}$$

と書ける．一方

$$\mathrm{tr}\left(\frac{F}{2\pi}\right)^{2j} = 2(-1)^j \sum_{i=1}^{[k/2]} x_i^{2j} \tag{6.89}$$

なので $P_n(P)$ を $\mathrm{tr}\left(\frac{F}{2\pi}\right)^{2j}$ で表現することができる．もっとも簡単な例は

$$P_1(F) = \sum_i x_i^2 = -\frac{1}{2}\left(\frac{1}{2\pi}\right)^2 \mathrm{tr}F^2 \tag{6.90}$$

である．

6.3.4 Euler 類

構造群 G を $SO(k)$ とする．この場合も $O(k)$ のときと同時に Pontryagin 類 $P_n(P)$ を定義できる．特に $k = 2m$(偶数) のときは，$2m$ 形式の $P_m(P)$ を m 形式である $e(P)$ を用いて

$$e(P) \wedge e(P) = P_n(P) \tag{6.91}$$

となるように $e(p)$ を選ぶことができる．$2m$ 次元の反対称行列 A に対してパフィアン (Pfaffian) $\mathrm{Pf}(A)$ を次で定義する．

$$\mathrm{Pf}(A) = \frac{(-1)^m}{2^m \cdot m!} \sum_{p \in \mathfrak{S}_{2m}} \mathrm{sgn}(p) A_{p(1)p(2)} A_{p(3)p(4)} \cdots A_{p(2m-1)p(2m)} \tag{6.92}$$

ここで $\mathfrak{S}_{2m}$ は $(1, 2, \ldots, 2m)$ を並び換える置換群である．また，Pf は，

$$\mathrm{Pf}(X^\mathsf{T} A X) = \mathrm{Pf}(A) \det X \tag{6.93}$$

という関係を満たす．このパフィアンと行列式 $\det A$ は，

$$\det A = [\mathrm{Pf}(A)]^2 \tag{6.94}$$

という関係にある．この関係に対応して

$$e(P) = \sum_{p \in \mathfrak{S}_{2m}} \frac{(-1)^m}{(4\pi)^m m!} \mathrm{sgn}(p) F_{p(1)p(2)} \wedge \cdots \wedge F_{p(2m-1)p(2m)} \tag{6.95}$$

とおくと式 (6.91) が満たされる．

7　指数定理と Morse 理論

この章では多様体 M 上で定義された偏微分方程式の固有値問題のゼロ固有値状態の個数と，M の位相不変量の間の関係を示す「指数定理」について，その初歩的説明を行う．指数定理は現代物理学——特に量子論——でも重要な役割を果たしている．ここでは，その一例として，超対称量子力学と Morse 理論の関係を考察し，数学と物理学の深いつながりを学ぶ．

7.1　指　数　定　理

3.7 節でラプラシアンと調和形式について学んだが，3.7.3 項の Hodge 分解から次の定理を導くことができる．

定理 7.1 多様体 M のコホモロジー群 $H^k(M)$ と $\mathrm{Ker}\,\Delta_k$ は同型，つまり

$$H^k(M) \cong \mathrm{Ker}\,\Delta_k \tag{7.1}$$

である．ここでラプラシアン Δ_k は $d_k : \wedge^k(M) \to \wedge^{k+1}(M)$, $\delta_k : \wedge^k(M) \to \wedge^{k-1}(M)$ を用いて $\Delta_k = d_{k-1}\delta_k + \delta_{k+1}d_k$ で定義される．

(証明) Hodge 分解により任意の $\omega \in \wedge^k(M)$ は，$\alpha \in \wedge^{k-1}(M)$, $\beta \in \wedge^{k+1}(M)$, $\gamma \in \mathrm{Ker}\,\Delta_k$ により

$$\omega = d\alpha + \delta\beta + \gamma$$

と書ける．ここで $\omega \in Z^k(M)$ であるとすると

$$d\omega = d^2\alpha + d\delta\beta + d\gamma = d\delta\beta = 0$$

が結論される．これより

$$((\beta, d\delta\beta)) = ((\delta\beta, \delta\beta)) = 0$$

となり $\delta\beta = 0$ がいえる．

よって，$\omega \in Z^k(M)$ は

$$\omega = d\alpha + \gamma$$

と書ける．これより $H^k(M) = Z^k(M)/B^k(M)$ の元は γ と 1 対 1 の対応がある．

■

定理 7.1 よりただちに Betti 数 $b_k(M)$ に対して

$$b_k(M) = \dim H^k(M) = \dim \operatorname{Ker} \Delta_k(M) \tag{7.2}$$

が導かれる．これより n を多様体 M の次元として

$$\sum_{k=0}^{n} \dim \operatorname{Ker} \Delta_k(M)(-1)^k = \sum_{k=0}^{n} (-1)^k b_k(M) = \chi(M) \tag{7.3}$$

が結論される．つまり $\Delta_k \omega = 0$ となる k 形式 ω の 1 次独立な解の個数 $\dim \operatorname{Ker} \Delta_k(M)$ と Euler 数の間に関係が得られるのである．これが指数定理のもっとも簡単な例である．

一般の場合の指数関数について述べるためには，楕円型演算子の定義から述べる必要がある．一般に m 成分の関数 $\psi(x)$ に対応する演算子 D を

$$D\psi(x) = \sum_{j=1}^{n} \hat{a}_j(x) \frac{\partial \psi(x)}{\partial x^j} + \hat{b}(x)\psi(x) \tag{7.4}$$

で定義しよう．ここで $\hat{a}_j(x), \hat{b}(x)$ は $m \times m$ の行列である．$\psi(x)$ を Fourier 変換すると

$$\begin{aligned} D\psi(x) &= \sum_{j=1}^{n} \hat{a}_j(x) \int i k_j \tilde{\psi}(k) e^{ik\cdot x} d^n k + \hat{b}(x) \int \tilde{\psi}(k) e^{ik\cdot x} d^n k \\ &= \int \left[\sum_{j=1}^{n} i\hat{a}_j(x) k_j + \hat{b}(x) \right] \tilde{\psi}(k) e^{ik\cdot x} d^n k \end{aligned} \tag{7.5}$$

となる．ここで $\hat{a}_j(x), \hat{b}(x)$ は行列である．

演算子 D に対してシンボルを

$$\sigma(D, \xi) = \sum_{j=1}^{n} i\hat{a}_j(x)\xi_j \tag{7.6}$$

で定義する．この $\sigma(D,\xi)$ が $\xi \neq 0$ のときに逆行列をもつときに，D を楕円型演算子とよぶ．

例 7.1

$$D = \sum_{j=1}^{3} \sigma_j \frac{\partial}{\partial x^j}$$

を考える．ここで $\sigma_1, \sigma_2, \sigma_3$ は式 (3.126) で与えられる Pauli 行列である．シンボルは

$$\sigma(D, \boldsymbol{\xi}) = \sum_{j=1}^{3} i\sigma_j \xi_j = i \begin{pmatrix} \xi_3 & \xi_1 - i\xi_2 \\ \xi_1 + i\xi_2 & -\xi_3 \end{pmatrix} = i\boldsymbol{\sigma} \cdot \boldsymbol{\xi}$$

となるが，

$$[\sigma(D, \boldsymbol{\xi})]^{-1} = \frac{-i}{\xi_1^2 + \xi_2^2 + \xi_3^2} \begin{pmatrix} \xi_3 & -\xi_1 + i\xi_2 \\ -\xi_1 - i\xi_2 & -\xi_3 \end{pmatrix}$$
$$= \frac{i}{|\boldsymbol{\xi}|^2} (\sigma_1\xi_1 + \sigma_2\xi_2 - \sigma_3\xi_3)$$

なので $\boldsymbol{\xi} \neq \mathbf{0}$ のときには逆行列が存在する．よって D は楕円型である． ◁

D をファイバー束 $\Gamma(M, E)$ からファイバー束 $\Gamma(M, F)$ への楕円型演算子 (写像) とする．核 $\mathrm{Ker}\, D$ を

$$\mathrm{Ker}\, D \equiv \{ f \in \Gamma(M, E) \big| Df = 0 \} \tag{7.7}$$

で定義する (図 7.1 を参照)．E と F それぞれで内積 $\langle\ ,\ \rangle_E$, $\langle\ ,\ \rangle_F$ が定義されているとすると D の随伴演算子 $D^\dagger : \Gamma(M, F) \to \Gamma(M, E)$ を

$$\langle f', Df \rangle_F \equiv \langle D^\dagger f', f \rangle_E \tag{7.8}$$

で定義できる．このとき，D の余核 $\mathrm{Coker}\, D$ を

$$\mathrm{Coker}\, D \equiv \Gamma(M, F) / \,\mathrm{Im}\, D \tag{7.9}$$

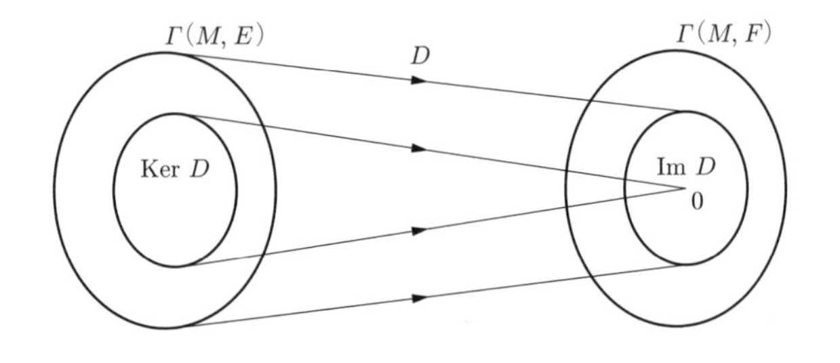

図 7.1　楕円型演算子 D の核 $\mathrm{Ker}\, D$ と像 $\mathrm{Im}\, D$

で定義する．

Fredholm (フレドホルム) 演算子とは，核 $\mathrm{Ker}\, D$ および余核 $\mathrm{Coker}\, D$ がともに有限次元であるような演算子である．

このとき D の指数 $\mathrm{Ind}\, D$ を

$$\mathrm{Ind}\, D = \dim \mathrm{Ker}\, D - \dim \mathrm{Coker}\, D \tag{7.10}$$

で定義する．

ここで，次の定理が成立する．

定理 7.2

$$\mathrm{Coker}\, D \cong \mathrm{Ker}\, D^\dagger \tag{7.11}$$

(証明) まず任意の $[g] \in \mathrm{Coker}\, D$ に対して，代表元

$$g_0 = g - D\frac{1}{D^\dagger D}D^\dagger g \tag{7.12}$$

を考えよう．すると $D^\dagger g_0 = D^\dagger g - D^\dagger g = 0$ より $g_0 \in \mathrm{Ker}\, D^\dagger$ である．

次に g_0，$g_0' \in \mathrm{Ker}\, D^\dagger$ で $g_0 \neq g_0'$ であると仮定しよう．そうすると $[g_0] \neq [g_0'] \in \mathrm{Coker}\, D$ であることが示せる．なぜなら，もし $[g_0] = [g_0']$ と仮定するとある $u \in \Gamma(M, E)$ が存在し

$$g_0 = g_0' + Df$$

と書ける．そこで

$$\langle f, D^\dagger(g_0 - g)\rangle_E = \langle f, D^\dagger Df\rangle_E = \langle Df, Df\rangle_E$$

となるが，一方で $D^\dagger g_0 = D^\dagger g = 0$ だからこの式は 0 となり，$Df = 0$ が結論される．したがって $g_0 = g_0'$ となり矛盾が導かれる．よって $[g_0] \neq [g_0']$ が示された．

これより $[g] \in \mathrm{Coker}\, D$ と $g_0 \in \mathrm{Ker}\, D^\dagger$ の間に同型写像が存在することになり，定理が証明される．■

これより，式 (7.10) は

$$\mathrm{Ind}\, D = \dim \mathrm{Ker}\, D - \dim \mathrm{Ker}\, D^\dagger \tag{7.13}$$

とも書ける．

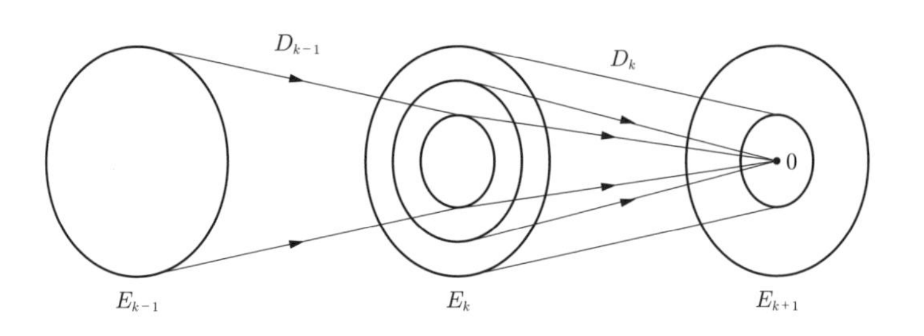

図 **7.2**　D_k による E_k の列

さて，D によってつながるファイバー束の列，$D_k : \Gamma(M, E_k) \to \Gamma(M, E_{k+1})$ を考える．

$$D_k D_{k-1} = 0 \tag{7.14}$$

が成立すると仮定すると図 7.2 に示すような像の間の関係が得られる．ここで，

$$\mathrm{Im}\, D_{k-1} \subset \mathrm{Ker}\, D_k \tag{7.15}$$

なので，コホモロジー群として

$$H^k(E, D) = \mathrm{Ker}\, D_k / \mathrm{Im}\, D_{k-1} \tag{7.16}$$

が定義される．Hodge 分解 (の拡張) が成立し任意の $f_k \in \Gamma(M, E_k)$ は

$$f_k = D_{k-1} f_{k-1} + D_k^\dagger f_{k+1} + h_k \tag{7.17}$$

と書ける．ここで h_k は

$$D_k h_k = D_k^\dagger h_k = 0 \tag{7.18}$$

を満たす．ラプラシアンを

$$\Delta_k = D_k^\dagger D_k + D_{k-1} D_{k-1}^\dagger \tag{7.19}$$

で定義すると，式 (7.18) と $\Delta_k h_k = 0$ は等価となる．つまり

$$h_k \in \mathrm{Ker}\, \Delta_k \tag{7.20}$$

E_k を 2 つのグループ，k が偶数と奇数の場合に分けて

$$E_+ = \bigoplus_r E_{2r}, \quad E_- = \bigoplus_r E_{2r+1} \tag{7.21}$$

と定義しよう．ここで記号 $\oplus_r$ は直和を表す．対応して

$$A = \bigoplus_r (D_{2r} + D_{2r-1}^\dagger), \quad A^+ = \bigoplus_r (D_{2r+1} + D_{2r}^\dagger) \tag{7.22}$$

を定数とすると

$$\begin{aligned} A \ &: \Gamma(M, E^+) \to \Gamma(M, E^-), \\ A^\dagger &: \Gamma(M, E^-) \to \Gamma(M, E^+) \end{aligned} \tag{7.23}$$

である．ここで Δ^+ を次のように定義しよう．

$$\begin{aligned} \Delta^+ &\equiv A^\dagger A = \bigoplus_{r,s} (D_{2r+1} + D_{2r}^\dagger)(D_{2s} + D_{2s-1}^\dagger) \\ &= \bigoplus_{r,s} (D_{2r+1}D_{2s} + D_{2r}^\dagger D_{2s-1}^\dagger + D_{2r+1}D_{2s-1}^\dagger + D_{2r}^\dagger D_{2s}) \end{aligned} \tag{7.24}$$

ここで作用する E_k が異なる場合には 0 なので上記の和で残るのは $r = s$ の項だけである．

$$\begin{aligned} \Delta^+ &= \bigoplus_r (D_{2r+1}D_{2r} + D_{2r}^\dagger D_{2r-1}^\dagger + D_{2r+1}D_{2r-1}^\dagger + D_{2r}^\dagger D_{2r}) \\ &= \bigoplus_r \Delta_{2r} \end{aligned} \tag{7.25}$$

同様に

$$\Delta^- \equiv AA^\dagger = \bigoplus_r \Delta_{2r+1} \tag{7.26}$$

となる．この $\Delta^\pm$ を用いて

$$\mathrm{Ind}(D, E) \equiv \dim \mathrm{Ker}\, \Delta^+ - \dim \mathrm{Ker}\, \Delta^- \tag{7.27}$$

と定義すると，これは

$$\mathrm{Ind}(E, D) = \sum_r (-1)^r \dim \mathrm{Ker}\, \Delta_r \tag{7.28}$$

で与えられる．式 (7.28) の和が Euler 数の一般化であることは明らかであろう．

指数定理は，この $\mathrm{Ind}(E, D)$ が多様体 M の位相不変量で表されることを主張する．その一般の場合を説明することは本書の範囲を超えるので，読者は文献[5, 6, 15]を参照されたい．その具体的な例は，本章の最初に述べた de Rham のコホモロジー群で，この場合は $E_k = \wedge^k(M)$ と微分形式が対応する．

7.2 Morse 理 論

Euler 数 $\chi(M)$ が指数定理にも現れることを前節で学んだが，この量が M の"臨界点"近傍の振舞いだけで決定されるという Morse (モース) 理論について述べる[25].

図 7.3 にその例を示す．多様体 M (例ではトーラス) を縦に置いて，その上の座標 x に対応する点の高さ $h(x)$ を定義すると，$h(x)$ が極値をとる点が 4 つ現れる．これを臨界点とよぶ．また，$h(x)$ のことを Morse 関数ともよぶ．いまは 2 次元閉曲面を考えているので $x = (x_1, x_2)$ であり h は 2 変数の関数である．下から順に臨界点を A, B, C, D と名付けると，A は h の極小点，B, C は鞍点，D は極大点である．その振舞いは，$x_0 = (x_1^0, x_2^0)$ を臨界点として，$\delta x = x - x_0$ について $h(x)$ を

$$h(x) = h(x^0) + \sum_{j=1}^{2} \left.\frac{\partial h(x)}{\partial x_j}\right|_{x^0} \delta x + \frac{1}{2} \sum_{j,k=1}^{2} \left.\frac{\partial^2 h(x)}{\partial x_j \partial x_k}\right|_{x^0} \delta x_j \delta x_k + O((\delta x)^3) \quad (7.29)$$

と Taylor 展開すればわかる．極値の条件から $\left.\frac{\partial h(x)}{\partial x_j}\right|_{x^0} = 0$ となり，$H_{jk} = \left.\frac{\partial^2 h(x)}{\partial x_j \partial x_k}\right|_{x^0}$ は対称行列の成分とみなせる (これを Hesse 行列 (ヘシアン) とよぶ) ので，対角化すると適当な直交変換で

$$h(x) \fallingdotseq h(x^0) + \lambda_1 (x_1 - x_1^0)^2 + \lambda_2 (x_2 - x_2^0)^2 \quad (7.30)$$

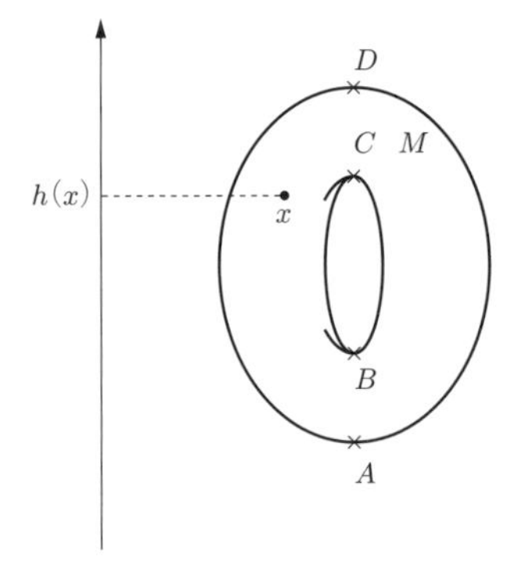

図 **7.3** トーラス M の高さ関数 $h(x)$ と臨界点 (×で示す)

となり，2つの固有値 λ_1, λ_2 の正負によって臨界点が分類される．ここで，負の固有値の個数をその臨界点の Morse 指数とよぶことにすると，A の指数は 0，B と C の指数は 1，D の指数は 2 となる．Morse の定理は，Euler 数 $\chi(M)$ が，各臨界点の Morse 指数の情報だけで定まることを示す．

定理 7.3 (Morse の定理) n 次元多様体 M において，Morse 指数が p の臨界点の数を m_p とすると

$$\sum_{p=1}^{n}(-1)^p m_p = \chi(M) \tag{7.31}$$

の関係がある．

図 7.3 の場合は $n=2$ である．証明は 7.4 節で行うことにして，図 7.3 に即してこの定理を適用してみると，$m_0=1, m_1=2, m_2=1$ なので式 (7.31) の左辺は，$1+(-1)\cdot 2+1=0$ となる．

トーラスの種数 g は 1 だから $\chi(M)=2-2g=0$ となり両者は一致していることが確かめられる．

ここで，いくつかの注意が必要である (文献[25]を参照)．まず，λ_i が 0 になる可能性がある．しかし多様体 M のトポロジーを変えることなく λ_i を 0 からずらすことができるので，$\lambda \neq 0$ と仮定してよいことが証明されている．

一般の n 次元の多様体の場合には，Hesse 行列は n 次行列となり n 個の固有値をもつので，Morse 指数も 0 から n の値をとる．このとき，M を連続変形することで，臨界点を Morse 指数の小さい順に下から並べることができる．具体的には，臨界点を $x^{(i)}$ として，

$$h(x^{(1)}) < h(x^{(2)}) < \quad \cdots \quad < h(x^{(l)}) \tag{7.32}$$

で，

$$p^{(1)} \leq p^{(2)} \leq \quad \cdots \quad \leq p^{(l)} \tag{7.33}$$

とすることができるのである．

7.3 量子力学

ここでは後の説明のために量子力学の短い導入を行う．詳しくは巻末の文献[26,27]を参照されたい．量子力学では Hilbert (ヒルベルト) 空間 $\mathcal{H}$ とよばれる関数空間

を考え，その元であるベクトル $|\psi\rangle$ が物理系の状態を記述する．$|\psi\rangle$ は波動関数とよばれ，このベクトルに作用して新しいベクトル $\hat{O}|\psi\rangle$ をつくり出す演算子 (もしくは行列) $\hat{O}$ が物理量を表す．物理量が実数であることは $\hat{O}$ が Hermite 行列，つまり $\hat{O} = \hat{O}^\dagger$ ($\dagger$ は Hermite 共役) であることとして要請される．特に系のエネルギーを表す演算子ハミルトニアン $\hat{H}$ が重要で，その固有値問題

$$\hat{H}|\psi_n\rangle = E_n|\psi_n\rangle \tag{7.34}$$

が解ければ，原理的には系の物理的性質をすべて導き出すことができる．

1 次元のポテンシャル $U(x)$ 中を運動する粒子の固有値問題は

$$\hat{H}\psi(x) = -\frac{\hbar^2}{2m}\frac{d^2\psi(x)}{dx^2} + U(x)\psi(x) = E\psi(x) \tag{7.35}$$

と書ける．これを Schrödinger (シュレディンガー) 方程式とよぶ．m は粒子の質量，$h = 2\pi\hbar$ は Planck (プランク) 定数である．3 次元の場合は

$$\hat{H}\psi(\boldsymbol{r}) = \frac{\hbar^2}{2m}\Delta\psi(\boldsymbol{r}) + U(\boldsymbol{r})\psi(\boldsymbol{r}) = E\psi(\boldsymbol{r}) \tag{7.36}$$

となり，ラプラシアン $\Delta = -\nabla^2 = -\left[\left(\frac{\partial}{\partial x}\right)^2 + \left(\frac{\partial}{\partial y}\right)^2 + \left(\frac{\partial}{\partial x}\right)^2\right]$ が現れる．代表的な問題として，式 (7.35) で，$U(x) = \frac{1}{2}m\omega^2x^2$ というポテンシャルの場合を考えよう (図 7.4(a) 参照).

$$b = \sqrt{\frac{\hbar}{2m\omega}}\frac{1}{i}\frac{d}{dx} - i\sqrt{\frac{m\omega}{2\hbar}}x, \tag{7.37a}$$

$$b^\dagger = \sqrt{\frac{\hbar}{2m\omega}}\frac{1}{i}\frac{d}{dx} + i\sqrt{\frac{m\omega}{2\hbar}}x \tag{7.37b}$$

という演算子を定義すると

$$[b, b^\dagger] \equiv bb^\dagger - b^\dagger b = 1 \tag{7.38}$$

となる．

これを用いて，ハミルトニアンは

$$\hat{H} = \hbar\omega\left(b^\dagger b + \frac{1}{2}\right) \tag{7.39}$$

と書ける．ここで，$b|0\rangle = 0$ を満たす状態 $|0\rangle$ が基底状態となり，$\psi_0(x) = \langle x|0\rangle$ の満たす方程式は式 (7.37a) より

$$\left(\frac{d}{dx} + \frac{m\omega}{\hbar}x\right)\psi_0(x) = 0 \tag{7.40}$$

なので，ただちに

$$\psi_0(x) \propto \exp\left(-\frac{m\omega}{2\hbar}x^2\right) \tag{7.41}$$

を得る (図 7.4(a) の点線の波動関数)．$\hat{H}|0\rangle = \frac{\hbar\omega}{2}|0\rangle$ を容易に見てとれる．

さて，式 (7.38) と (7.39) より

$$[\hat{H}, b^\dagger] = \hbar\omega b^\dagger \tag{7.42}$$

がわかるので，

$$\hat{H}b^\dagger|0\rangle = \left([\hat{H}, b^\dagger] + b^\dagger\hat{H}\right)|0\rangle = \left(\hbar\omega b^\dagger + b^\dagger\frac{\hbar\omega}{2}\right)|0\rangle = \left(\hbar\omega + \frac{\hbar\omega}{2}\right)b^\dagger|0\rangle \tag{7.43}$$

となり，$b^\dagger|0\rangle$ は基底状態 $|0\rangle$ よりもエネルギー量子 $\hbar\omega$ だけエネルギーの高い状態を表していることがわかる．いまは 1 粒子の状態を考えているので $b^\dagger$ はエネルギー量子の生成演算子として解釈されるが，多粒子系の量子力学 (第二量子化法) においては，同様の演算子が粒子を生成する演算子として登場する．一方で，式 (7.42) に対応して

$$[\hat{H}, b] = -\hbar\omega b \tag{7.44}$$

が示せるので，b はエネルギー量子，あるいは粒子を消す消滅演算子となる．

図 7.4(a) で示された式 (7.41) の波動関数にもう一度着目しよう．古典力学の基底状態は $x = 0$ に粒子が静止した状態であるのに対して，量子力学では $\frac{p^2}{2m} = \frac{\Delta}{2m}$ (p は運動量) の運動エネルギーが不確定性原理によって粒子位置 x の広がりを与えている．量子力学的粒子が波動性と粒子性を合わせもつと言われる由縁である．

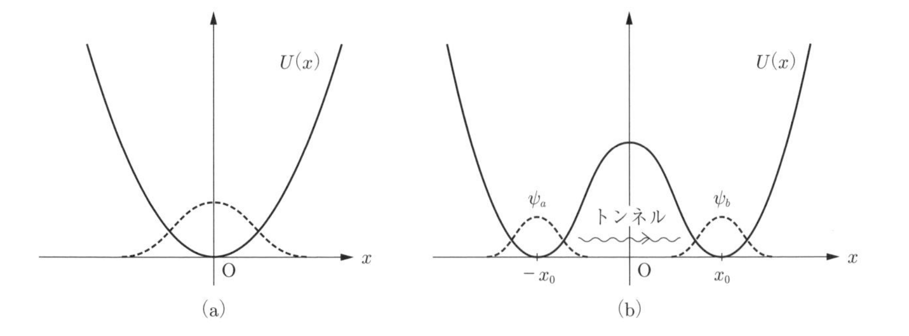

図 7.4　ポテンシャル $U(x)$ と波動関数

そこで，図 7.4(b) に示すような，$\pm x_0$ で最小をもつようなポテンシャル $U(x)$ を考えよう．$\pm x_0$ の近傍では，それぞれ (近似的には) 式 (7.41) で x を $x \mp x_0$ に置き換えたものが波動関数となることが予想される．しかし，量子力学では上に述べたように不確定性原理によって，古典的には禁止されている領域にも波動関数が侵入することができる．数学的には式 (7.35) で，$U(x) = U_0 > E$ であるときにも

$$\psi(x) \propto \exp\left[\pm\sqrt{\frac{2m(U_0 - E)}{\hbar^2}}x\right] \tag{7.45}$$

という指数関数の解をもつことによりトンネル効果は記述される．

式 (7.45) で増大する解は物理的に考えて捨てるべきであり，指数関数で減衰する波動関数が現れる．図 7.4(b) の $\pm x_0$ の近傍に局在する 2 つの波動関数 ψ_a, ψ_b の「すそ」がこのトンネル効果によって重なり合うと，それぞれ $\frac{\hbar\omega}{2}$ をもっていたエネルギー縮退が，$\frac{1}{\sqrt{2}}(\psi_a \pm \psi_b)$ に対して $\frac{\hbar\omega}{2} \mp \eta$ と分裂する．ここで η はトンネル確率である．

ここまで，波動関数 $\psi(x)$ は x の関数として考えてきたが，ψ として多成分のものを考えることもできる．例えばスピン 1/2 をもつ粒子は 2 成分の波動関数 $\psi = \begin{pmatrix} \psi_\uparrow \\ \psi_\downarrow \end{pmatrix}$ によって記述される．この多成分波動関数を用いると，ハミルトニアン $\hat{H}$ を割る，あるいは標語的には $\sqrt{\hat{H}}$ をつくることができることを示そう．簡単のために，$m = \hbar = \omega = 1$ の単位を採用すると，

$$\hat{H}_D = \begin{bmatrix} 0 & b^\dagger \\ b & 0 \end{bmatrix} \tag{7.46}$$

と 2×2 の行列を定義する[*1]．すると

$$\hat{H}_D^2 = \begin{bmatrix} 0 & b^\dagger \\ b & 0 \end{bmatrix}\begin{bmatrix} 0 & b^\dagger \\ b & 0 \end{bmatrix} = \begin{bmatrix} b^\dagger b & 0 \\ 0 & bb^\dagger \end{bmatrix} = \begin{bmatrix} b^\dagger b & 0 \\ 0 & bb^\dagger + 1 \end{bmatrix} \tag{7.47}$$

が得られる．対角成分だけに $b^\dagger b$ が現れ，式 (7.47) は式 (7.39) のハミルトニアン $\hat{H}$ を用いて

$$\hat{H}_D^2 = \hat{H} - \frac{1}{2}\sigma_3 \tag{7.48}$$

と書ける．

---

*1　この行列の演算子は 7.1 節で定義した楕円型演算子である．

量子力学を多粒子系に拡張する際には，粒子の不可弁別性が重要である．量子力学的粒子は古典力学の質点や剛体球とは違って,「場の励起」として記述される．例えば 2 つの位置に場の励起が起こったとき，それぞれの励起にどのようなラベルをつけても系の状態としては同じものである．この事情は，例えば 2 粒子系の波動関数 $\psi(\boldsymbol{r}_1, \boldsymbol{r}_2)$ を考えたとき，$\psi(\boldsymbol{r}_2, \boldsymbol{r}_1)$ と $\psi(\boldsymbol{r}_1, \boldsymbol{r}_2)$ の間に関係が付くことを意味する．この関係は素粒子の種類に依存し

$$\psi(\boldsymbol{r}_1, \boldsymbol{r}_2) = \psi(\boldsymbol{r}_2, \boldsymbol{r}_1) \tag{7.49a}$$

となるボゾン (整数スピン粒子) と

$$\psi(\boldsymbol{r}_1, \boldsymbol{r}_2) = -\psi(\boldsymbol{r}_2, \boldsymbol{r}_1) \tag{7.49b}$$

となるフェルミオン (半奇数スピン粒子) の 2 つのタイプがある．多粒子系の量子力学では，1 粒子状態 $\phi_n(\boldsymbol{r})$ にどのように粒子を詰めるかを指定することで，多粒子状態を記述する．例えば，$\phi_1(\boldsymbol{r})$ と $\phi_2(\boldsymbol{r})$ に 1 つずつ粒子が入ったフェルミオンの波動関数は，

$$\begin{aligned}\psi(\boldsymbol{r}_1, \boldsymbol{r}_2) &= \frac{1}{\sqrt{2}}\left(\phi_1(\boldsymbol{r}_1)\phi_2(\boldsymbol{r}_2) - \phi_1(\boldsymbol{r}_2)\phi_2(\boldsymbol{r}_1)\right) \\ &= \frac{1}{\sqrt{2}}\begin{vmatrix} \phi_1(\boldsymbol{r}_1) & \phi_1(\boldsymbol{r}_2) \\ \phi_2(\boldsymbol{r}_1) & \phi_2(\boldsymbol{r}_2) \end{vmatrix}\end{aligned} \tag{7.50}$$

と書ける．式 (7.50) は，式 (7.49b) の反対称性を満たしていることは容易にわかる．式 (7.50) の波動関数を，$\phi_1(\boldsymbol{r}), \phi_2(\boldsymbol{r})$ に対応する粒子の生成演算子 $f_1^\dagger$, $f_2^\dagger$ を用いて

$$|\psi_{12}\rangle = f_1^\dagger f_2^\dagger |0\rangle \tag{7.51}$$

と表現する．ここで $|0\rangle$ は粒子がいない真空状態である．このとき，1 と 2 の交換に対する反対称性から

$$f_1^\dagger f_2^\dagger = -f_2^\dagger f_1^\dagger \tag{7.52}$$

という反交換関係が要請される．$f_1^\dagger$, $f_2^\dagger$ の Hermite 共役演算子 f_1, f_2 は逆に ϕ_1, ϕ_2 に存在した粒子を消す作用をし，消滅演算子とよばれる．式 (7.52) に対応して $f_2 f_1 = -f_1 f_2$ が結論される．同様に反対称な波動関数への作用をていねいに調べると，

$$\{f_i, f_j\} = \{f_i^\dagger, f_j^\dagger\} = 0, \tag{7.53a}$$

$$\{f_i, f_j^\dagger\} = \delta_{ij} \tag{7.53b}$$

という反交換関係が得られる．ここで $\{A, B\} \equiv AB + BA$ を反交換子とよぶ．対応してボゾンの場合には，生成消滅演算子は，

$$[b_i, b_j] = [b_i^\dagger, b_j^\dagger] = 0, \tag{7.54a}$$

$$[b_i, b_j^\dagger] = \delta_{ij} \tag{7.54b}$$

という交換関係をもつ．

フェルミオンの反対称性は微分形式とフィットすることが以下のようにしてわかる．式 (3.207) の微分形式と k 個のフェルミオン状態

$$\Psi(x) = \sum_{i_1 < \cdots < i_k} \omega_{i_1, \cdots, i_k}(x) f_{i_1}^\dagger f_{i_2}^\dagger \cdots f_{i_k}^\dagger |0\rangle \tag{7.55}$$

を対応させよう．これに演算子 $\sum_j f_j^\dagger \frac{\partial}{\partial x^j}$ を作用させると

$$\sum_j f_j^\dagger \frac{\partial}{\partial x^j} \Psi(x) = \sum_j \sum_{i_1 < \cdots < i_k} \frac{\partial \omega_{i_1, \cdots, i_k}(x)}{\partial x^j} f_j^\dagger f_{i_1}^\dagger \cdots f_{i_k}^\dagger |0\rangle \tag{7.56}$$

となるので，式 (3.208) と比べて

$$d \longleftrightarrow \sum_j f_j^\dagger \frac{\partial}{\partial x^j} \tag{7.57}$$

の対応が得られる．一方，$\sum_j f_j \frac{\partial}{\partial x^j}$ を作用させると

$$\sum_j f_j \frac{\partial}{\partial x^j} \Psi(x) = \sum_{p=1}^{k} \sum_{i_1 < \cdots < i_k} (-1)^{p-1} \frac{\partial \omega_{i_1, \ldots, i_k}(x)}{\partial x^{i_p}} f_{i_1}^\dagger \cdots \hat{f}_{i_p}^\dagger \cdots f_{i_k}^\dagger |0\rangle \tag{7.58}$$

を得る．ここで $(-1)^{p-1}$ は f_{i_p} と $f_{i_1}^\dagger, \ldots, f_{i_{p-1}}^\dagger$ との反交換関係から生じている．また，$f_i^\dagger f_i^\dagger = 0$ から 1 つの状態に 2 つ以上のフェルミオンを詰めることができない (Pauli の排他律) ことに注意してほしい．

式 (7.58) と式 (3.209) を比べると

$$\delta \longleftrightarrow \sum_j f_j \frac{\partial}{\partial x^j} \tag{7.59}$$

の対応関係がわかる．また

$$d^2 \longleftrightarrow \sum_{j,l} f_j^\dagger f_l^\dagger \frac{\partial^2}{\partial x^j \partial x^l} = \frac{1}{2}\sum_{j,l} \{f_j^\dagger, f_l^\dagger\} \frac{\partial^2}{\partial x^j \partial x^l} = 0, \tag{7.60a}$$

$$\delta^2 \longleftrightarrow \sum_{j,l} f_j f_l \frac{\partial^2}{\partial x^j \partial x^l} = \frac{1}{2}\sum_{j,l} \{f_j, f_l\} \frac{\partial^2}{\partial x^j \partial x^l} = 0 \tag{7.60b}$$

も確認できるであろう．

7.4　超対称量子力学と Morse 理論

前節までの準備の上で，量子力学と Morse 理論との関係につき概観してみよう．詳しくは巻末の文献[28, 29]を参照されたい．7.3 節でフェルミオンとボゾンについて述べたが，この 2 種類の粒子の間に対称性を要請するのが超対称量子力学とよばれるものである．まず 1 次元系を例にとって述べよう．2 成分の波動関数を $\psi(x) = \begin{bmatrix} \psi_F(x) \\ \psi_B(x) \end{bmatrix}$ として，第 1 成分はフェルミオンが 1 つ存在する波動関数，第 2 成分はフェルミオンが存在しないボゾン的な状態の波動関数としよう．ここで，

$$Q_0^\dagger = \frac{1}{\sqrt{2}} f^\dagger \frac{1}{i}\frac{d}{dx}, \tag{7.61a}$$

$$Q_0 = \frac{1}{\sqrt{2}} f \frac{1}{i}\frac{d}{dx} \tag{7.61b}$$

を定義する．この演算子は，それぞれ微分形式では d，δ に対応する．この $Q_0^\dagger$，Q_0 を一般化して

$$Q_t^\dagger = e^{-tU(x)} Q_0^\dagger e^{+tU(x)} = \frac{1}{\sqrt{2}} f^\dagger \left(\frac{1}{i}\frac{d}{dx} - it\frac{dU(x)}{dx}\right), \tag{7.62a}$$

$$Q_t = e^{+tU(x)} Q_0 e^{-tU(x)} = \frac{1}{\sqrt{2}} f \left(\frac{1}{i}\frac{d}{dx} + it\frac{dU(x)}{dx}\right) \tag{7.62b}$$

を定義しよう．対応してハミルトニアンは，

$$\begin{aligned} \hat{H}_t &= Q_t^\dagger Q_t + Q_t Q_t^\dagger \\ &= \frac{1}{2}(f^\dagger f + f f^\dagger)\left\{-\frac{d^2}{dx^2} + t^2\left(\frac{dU(x)}{dx}\right)^2\right\} + \frac{1}{2}(f^\dagger f - f f^\dagger) t \frac{d^2U(x)}{dx^2} \\ &= \frac{1}{2}\left\{-\frac{d^2}{dx^2} + t^2\left(\frac{dU(x)}{dx}\right)^2\right\} + \left(f^\dagger f - \frac{1}{2}\right) t \frac{d^2U(x)}{dx^2} \end{aligned} \tag{7.63}$$

と定義される．ここで，$U(x) = -\frac{1}{2}x^2$，$t = 1$ とおくと，式 (7.63) は $f^\dagger f - \frac{1}{2} = \frac{1}{2}\sigma_3$ の対応で式 (7.48) と一致することを注意しておく．

$t = 0$ の場合は自由粒子のハミルトニアンで，その固有状態は拡がった平面波状態 $\propto e^{ikx}$ であるが，t を大きくしていくと，ポテンシャル $U(x)$ によって閉じ込められ，$\frac{dU(x)}{dx} = 0$ を満たす点の周囲に局在した状態だけが低エネルギー状態となる．この過程で不変にとどまる量があれば，$t = 0$ でのその量を $t \to \infty$ の極限で評価できるであろう．これが超対称量子力学と Morse 理論を関係付ける基本的なアイデアである．

まず，H_t の固有値は負にはなり得ないことが示せる．

$$\hat{H}_t|\Psi\rangle = E|\Psi\rangle \tag{7.64}$$

の両辺に対し，$\langle\Psi|$ との内積をとると

$$\langle\Psi|Q_t^\dagger Q_t + Q_t Q_t^\dagger|\Psi\rangle = \left|Q_t|\Psi\rangle\right|^2 + \left|Q_t^\dagger|\Psi\rangle\right|^2 = E \geq 0$$

となるからである．ここで $E > 0$ と $E = 0$ の 2 つの場合を分けて考える必要が生じる．

まず，ハミルトニアン $\hat{H}_t$ はフェルミオンの数 $f^\dagger f$ と交換するので，その固有状態は $f^\dagger f$ の固有状態に選ぶことができる．$f^\dagger f = 1$ の状態を $|f\rangle$，$f^\dagger f = 0$ の状態を $|b\rangle$ と書くことにし，いま

$$\hat{H}_t|f\rangle = E|f\rangle \tag{7.65}$$

が成立しているとする．これに Q_t を作用させるとフェルミオンを消すので

$$|b\rangle = Q_t|f\rangle \tag{7.66}$$

が得られるが，

$$\begin{aligned}\hat{H}_t|b\rangle &= (Q_t^\dagger Q_t + Q_t Q_t^\dagger)Q_t|f\rangle \\ &= Q_t Q_t^\dagger Q_t|f\rangle = Q_t(Q_t^\dagger Q_t + Q_t Q_t^\dagger)|f\rangle \\ &= EQ_t|f\rangle = E|b\rangle \end{aligned} \tag{7.67}$$

となる．ここで，$Q_t^2 = (Q_t^\dagger)^2 = 0$ と，$Q_t^\dagger|f\rangle = 0$ を使った．また，

$$\langle b|b\rangle = \langle f|Q_t^\dagger Q_t|f\rangle = \langle f|Q_t^\dagger Q_t + Q_t Q_t^\dagger|f\rangle$$

$$= \langle f|\hat{H}_t|f\rangle = E > 0 \tag{7.68}$$

なので $|b\rangle$ は 0 ではなく，同じエネルギー固有値 E (>0) をもつ $|f\rangle$ と $|b\rangle$ が必ず対となって現れることがわかる．

一方 $E=0$ の状態は，フェルミオン状態ならば $Q_t|f\rangle = 0$，ボゾン状態ならば $Q_t^\dagger|b\rangle = 0$ を満たさねばならない．これらの方程式は具体的には

$$\left(\frac{1}{i}\frac{d}{dx} - it\frac{dU(x)}{dx}\right)\psi_F(x) = 0, \tag{7.69a}$$

$$\left(\frac{1}{i}\frac{d}{dx} + it\frac{dU(x)}{dx}\right)\psi_B(x) = 0 \tag{7.69b}$$

と書けるから，その解は

$$\psi_F(x) \propto e^{tU(x)}, \tag{7.70a}$$

$$\psi_B(x) \propto e^{-tU(x)} \tag{7.70b}$$

となる．ところが $tU(x)$ が $t\to\infty$ で発散する解は物理的に捨てなければならないから，$\frac{dU(x)}{dx} = 0$ を満たす臨界点 x_0 で，$U(x)$ が極大をもつ場合には ψ_F が，極小をもつ場合には ψ_B が選ばれ，$tU(x) = tU(x_0) + \frac{t}{2}\lambda(x-x_0)^2 + O((x-x_0)^3)$ としたときにそれぞれ，

$$\psi_F(x) \propto e^{-\frac{t}{2}|\lambda|(x-x_0)^2} \qquad \lambda < 0, \tag{7.71a}$$

$$\psi_B(x) \propto e^{-\frac{t}{2}\lambda(x-x_0)^2} \qquad \lambda > 0 \tag{7.71b}$$

となる．

図 7.5 は以上の考察を模式的に示したものである．ここで式 (7.71a), (7.71b) は，$\left(\frac{dU(x)}{dx}\right)^2$ の極小点のまわりがそれぞれ独立で干渉し合わないと思って書き下した波動関数である．しかし，t を小さくしていくとポテンシャル障壁も小さくなるので，7.3 節で述べたトンネル効果が効きはじめる．その結果，$E=0$ で縮退していた状態間に行列要素が発生し，$E>0$ になってしまう．しかし，$E>0$ の状態は必ずフェルミオン状態とボゾン状態が対になっているから，この $E=0$ 状態の消滅は必ず対消滅として起きる．したがって，$E=0$ のフェルミオン状態数，ボゾン状態数をそれぞれ n_F，n_B とすると，$n_B - n_F$ はトンネル効果に対しても安定に保たれる．この整数を Witten (ウィッテン) 指数とよび，これこそがここで主役を演じる位相不変量なのである．

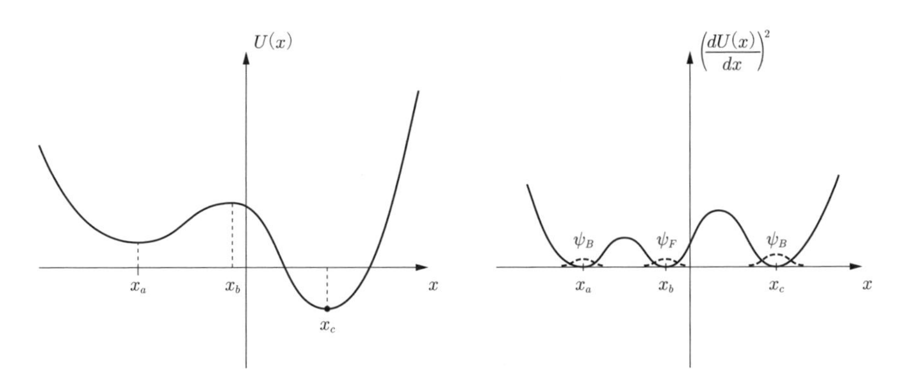

図 7.5　ポテンシャル $U(x)$ と，$U(x)$ の極大，極小点周囲に局在するフェルミオンおよびボゾンの波動関数

このように，フェルミオンとボゾンをまとめて記述する量子力学を超対称量子力学というが，これを n 次元多様体 M 上に拡張することは比較的容易である．対応して n 種類のフェルミオン生成演算子 $f_1^\dagger, \ldots, f_n^\dagger$ を導入し，式 (7.62) に対応して

$$Q_t^\dagger = \frac{1}{\sqrt{2}} \sum_{i=1}^{n} f_i^\dagger \left(\frac{1}{i} \frac{\partial}{\partial x^i} - it \frac{\partial U(x)}{\partial x^i} \right), \tag{7.72a}$$

$$Q_t = \frac{1}{\sqrt{2}} \sum_{i=1}^{n} f_i \left(\frac{1}{i} \frac{\partial}{\partial x^i} + it \frac{\partial U(x)}{\partial x^i} \right) \tag{7.72b}$$

とすると，$Q_{t=0}^\dagger$，$Q_{t=0}$ はそれぞれ，式 (7.57) と式 (7.59) から

$$Q_{t=0}^\dagger \longleftrightarrow \frac{1}{\sqrt{2}} d, \tag{7.73a}$$

$$Q_{t=0} \longleftrightarrow \frac{1}{\sqrt{2}} \delta \tag{7.73b}$$

の対応関係があり，

$$\hat{H}_{t=0} = Q_0^\dagger Q_0 + Q_0 Q_0^\dagger = \frac{1}{2}(d\delta + \delta d) = \frac{1}{2}\Delta$$

の $E = 0$ 状態空間は $\mathrm{Ker}\,\Delta$ に対応し，フェルミオン数 k の状態は微分形式の k 形式に対応する．このとき，Witten 指数は

$$tr(-1)^F \tag{7.74}$$

と書くことができる．F はフェルミオンの数であり，$E>0$ の状態からの寄与はなく，$E=0$ の状態群から n_B-n_F の和として与えられる．Witten 指数は位相不変量であるから $t\to\infty$ の極限で調べればよいことは 1 次元の場合と同じである．超対称ハミルトニアン $\hat{H}_t$ は，式 (7.63) を一般化して

$$\begin{aligned}\hat{H}_t &= Q_t^\dagger Q_t + Q_t Q_t^\dagger \\ &= -\frac{1}{2}\left(\frac{\partial^2}{\partial x^{i2}} + t^2\left(\frac{\partial U}{\partial x^i}\right)^2\right) + \frac{t}{2}(f_i^\dagger f_j - f_i f_j^\dagger)\frac{\partial^2 U}{\partial x^i \partial x^j}\end{aligned} \tag{7.75}$$

となる*2．いま，$U(x)$ として多様体 M の高さ関数 $h(x)$ を採用すると，$\frac{\partial U}{\partial x^i}=\frac{\partial h}{\partial x^i}=0$ を満たす点 $x^{(a)}$ は M の臨界点である．これを原点にとって

$$h(x) = h(0) + \frac{1}{2}\sum_{i,j=1}^{n}\left.\frac{\partial^2 h(x)}{\partial x^i \partial x^j}\right|_0 x^i x^j + O(x^3) \tag{7.76}$$

と展開する．座標変換によって Hesse 行列を対角化すると，

$$h(x) = h(0) + \frac{1}{2}\sum_{i=1}^{n}\lambda_i (x^i)^2 + O(x^3) \tag{7.77}$$

となるので，式 (7.75) は，

$$\hat{H}_t = \sum_{i=1}^{n}\left[-\frac{1}{2}\left(\frac{\partial^2}{\partial x^{i2}} + t^2\lambda_i^2 (x^i)^2\right) + \frac{t}{2}(f_i^\dagger f_i - f_i f_i^\dagger)\lambda_i\right] \tag{7.78}$$

となって n 個の独立な問題に分解できる．この臨界点において，負の値をとる λ_i の数が Morse 指数 p であったが，これを $\lambda_{i_1},\ldots,\lambda_{i_p}$ とすると，$\hat{H}_t$ に対する $E=0$ の波動関数は

$$\Psi(x) \cong \exp\left\{-\frac{1}{2}\sum_{j=1}^{n}|\lambda_j|(x^j)^2\right\} f_{i_1}^\dagger \cdots f_{i_p}^\dagger |0\rangle \tag{7.79}$$

となり，p 個のフェルミオン状態となる．これは p 形式の調和微分形式に対応する．このような調和微分形式の個数，つまり $\dim \mathrm{Ker}\,\Delta_p$ は Betti 数 b_p であるから，ただちに不等式

$$m_p \geq b_p \tag{7.80}$$

*2　式 (7.75) は平坦な Euclid 空間における表式であるが，多様体 M は曲がっているので，計量テンソル g^{ij} を考慮した表式が必要である．しかし，臨界点 $x^{(a)}$ の近傍では $x-x^{(a)}$ に関して 2 次の範囲までで $g^{ij}=\delta_{ij}$ という座標系を選ぶことができるので後の議論には影響しない．詳細は巻末の文献[28, 29]を参照のこと．

が得られる．m_p は臨界点の間のトンネル効果を考慮しないときの $E=0$ の状態数だから b_p の上限を与えるのである．また，Witten 指数は，トンネル効果による対消滅によって変化しないから

$$tr(-1)^F = \sum_{p=0}^{n}(-1)^p m_p = \sum_{p=0}^{n}(-1)^p b_p \tag{7.81}$$

が得られる．これは式 (7.31) にほかならない．

以上述べてきたように，量子論とトポロジーは深く関係しており，素粒子物理学はもちろんのこと物性物理学でも微分幾何学はなくてはならない武器となりつつある．

8 ホモトピー理論

8.1 動　機　付　け

まず，物理学から例を引いて，ホモトピー理論が何を目的としているのかを示そう．物理学では，秩序パラメータというもので物質の性質を記述することが多い．例えば，強磁性体を例にとるとスピン $\boldsymbol{s}$ の間の相互作用で一方向に多数のスピンが揃うという自発的対称性の破れが起きている．この対称性の破れを特徴付けるのが秩序パラメータであり，いまの場合は空間座標 $\boldsymbol{r}$ におけるスピンの平均値 $\langle \boldsymbol{s}(\boldsymbol{r}) \rangle$ がそれに対応していて，これはベクトルである．$\langle \boldsymbol{s}(\boldsymbol{r}) \rangle$ の絶対値は飽和しているとすると $\langle \boldsymbol{s}(\boldsymbol{r}) \rangle = s\boldsymbol{n}(\boldsymbol{r})$ と書けて $\boldsymbol{n}(\boldsymbol{r})$ は単位ベクトルである ($|\boldsymbol{n}(\boldsymbol{r})| = 1$)．特に，2 次元の強磁性体を考えると $\boldsymbol{r}$ は 2 次元座標となる．また，スピンはしばしば異方的エネルギーによって面内にその方向が閉じ込められることが起きる．この状況を考えると，秩序パラメータは

$$\boldsymbol{r} = (x, y) \mapsto \boldsymbol{n}(\boldsymbol{r}) \tag{8.1}$$

への写像を与えるといえる．さらに，原点に欠陥が存在するとするとそこでスピンの向きを連続関数 $\boldsymbol{s}(\boldsymbol{r})$ で記述できなくなる．図 8.1 はその一例である「渦糸」状態を示している．そこでこの特異点を避けて，その周囲の領域における連続関数 $\boldsymbol{s}(\boldsymbol{r})$ で，この欠陥の存在を検知できるか？　という問題が発生する．この問いに対する答えを与えるのがホモトピー理論である．この場合，2 次元だと点欠陥，

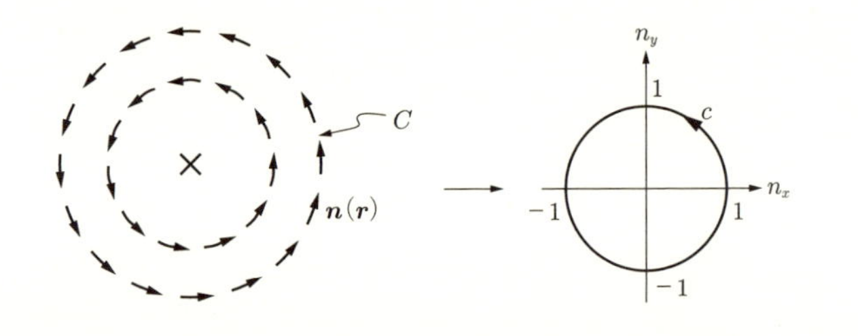

図 8.1　スピンの向き $\boldsymbol{n}(\boldsymbol{r})$ の渦糸構造.「×」は連続関数として $\boldsymbol{n}(\boldsymbol{r})$ を定義できない特異点 (渦糸の芯) である

3次元だと線欠陥に対応する．

実空間上に原点を反時計回りにまわるループ c を考える．これに対して $\boldsymbol{n}(\boldsymbol{r})$ も単位円周上に軌跡を描くが，出発点と終点は同じ値だからやはりループ c を描く．後者が何回円周上をまわるかという巻き数 (向きも含めて正負の整数，もしくは 0) がこの写像を特徴付けることになる．この巻き数が 0 でない場合には，非自明なスピン構造をもっており，しかもその影響が無限遠まで消えないことが次のようにしていえる．極座標 r, ϕ を導入し，実空間のループ c として原点を中心とする半径 r の円に取ろう．すると巻き数は r の関数と考えられるが，一方で r とともに連続的に変化するから (なぜなら原点以外のスピン配置は連続関数で記述されるとしているから) 整数値である巻き数は変化しないことになる．したがってどんなに大きな r に対しても 0 でない巻き数が存在し，原点における特異性を「検知」することができるのである．物理的には，$|\nabla \boldsymbol{n}|^2$ に比例するエネルギーコストがあるので，この非局所的な影響は，試料のサイズ $R \to \infty$ に対してエネルギーが対数で発散することを意味している．

8.2　基　本　群

X を位相空間とし，その中の 2 点 $x_0, x_1 \in X$ を考える．

x_0 から x_1 への路 $\alpha(t)$ は，$t \in [0,1]$ から X への連続写像により定義される (図 8.2 参照)．

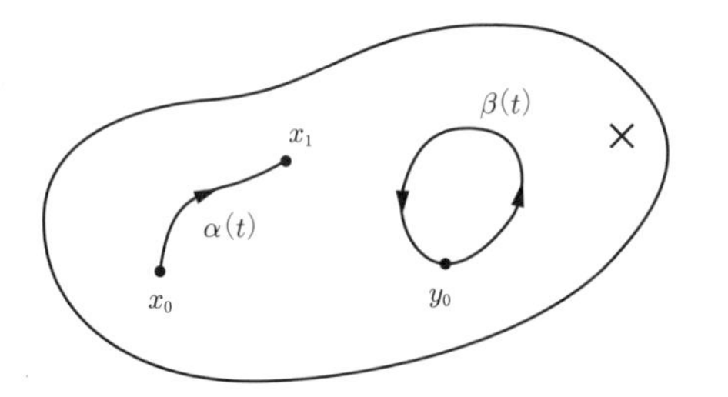

図 **8.2**　位相空間 X における路 $\alpha(t)$ とループ $\beta(t)$

$$\begin{aligned} &\alpha : [0,1] \ \rightarrow \ X \\ &\alpha(0) = x_0,\ \alpha(1) = x_1 \end{aligned} \tag{8.2}$$

特に $x_0 = x_1$ であるとき，x_0 を基点とするループという (図 8.2 参照)．任意の $x_0, x_1 \in X$ に対して両者を結ぶ路 α が存在するとき X を弧状連結という．以下，このことを仮定する．

路に関するいくつかの演算を定義しておこう．

a.　$\boldsymbol{\alpha}$ と $\boldsymbol{\beta}$ の積

$\gamma = \alpha * \beta$ とは 2 つの路を “つなぐ” ことで

$$\gamma(t) = \begin{cases} \alpha(2t) & 0 \leq t \leq 1/2, \\ \beta(2t-1) & 1/2 \leq t \leq 1 \end{cases} \tag{8.3}$$

と定義され $\alpha(1) = \beta(0)$ のときだけ定義される (図 8.3 参照)．

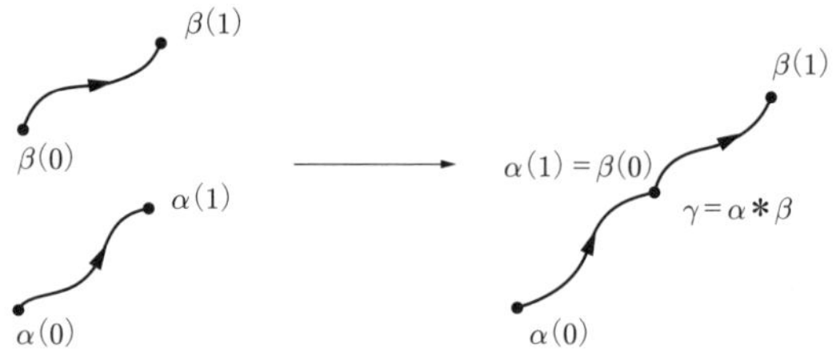

図 8.3　路 α と β の積

b.　$\boldsymbol{\alpha}$ の逆

$$\alpha^{-1}(t) = \alpha(1-t) \qquad 0 \leq t \leq 1 \tag{8.4}$$

これは，t の向き，つまり路の方向を逆にしたものである．ループに対しても上記の演算を同様に定義できる．

ホモトピー理論とは，連続変形によって移り変わることができるものを同一視して分類を行おうとするものである．ループに対してこの「連続変形」を具体化したのがホモトープという概念である．

x_0 を基点とする 2 つのループ α, β がホモトープであるとは

$$H : [0,1] \times [0,1] \quad \to \quad X \tag{8.5}$$

が存在し，

$$\begin{aligned} &H(t,0) = \alpha(t), \\ &H(t,1) = \beta(t), \\ &H(0,s) = H(1,s) = x_0 \end{aligned} \tag{8.6}$$

となることである．

イメージは，図 8.4 に示すように，s を 0 から 1 まで動かすと，ループ $\alpha(t)$ からループ $\beta(t)$ へ連続的に変形できるということである．

ホモトープであることを $\alpha \sim \beta$ で表現すると，これは，

(i) 反射則：　$\alpha \sim \alpha$

(ii) 対称則：　$\alpha \sim \beta$ ならば $\beta \sim \alpha$

(iii) 推移則：　$\alpha \sim \beta, \beta \sim \gamma$ ならば $\alpha \sim \gamma$

を満たす同値関係である．

この同値関係を用いてループを分類し，それを同値類 $[\alpha]$ とし，これを α のホモトピー類とよぶ．具体的なループの定義は，パラメータ t の付け方など本質的でない区別を取り去ったものが $[\alpha]$ だと理解すればよい．ただし，いまの段階ではまだ，ループの起点 (終点) x_0 は指定されている．

この X のループのホモトピー類の集合を

$$\pi_1(X, x_0) \tag{8.7}$$

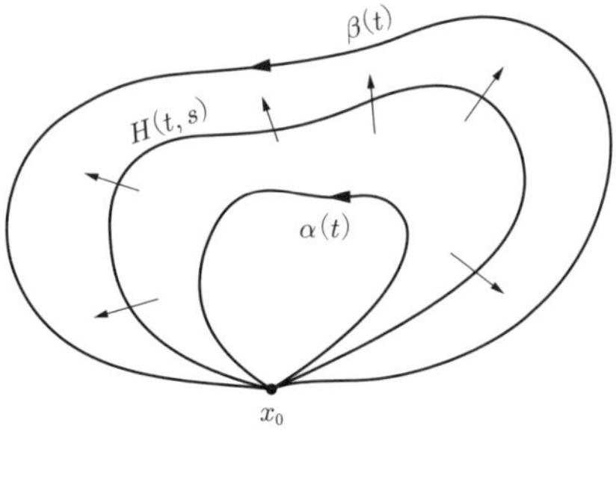

図 **8.4**　ホモトープな 2 つのループ $\alpha(t)$，$\beta(t)$ と両者をつなぐ $H(t,s)$

と書くと，この集合はこれは先に定義した積と逆の演算に対して群をつくる．ループの積 $*$ はすでに定義したので，同値類の積の定義は

$$[\alpha] * [\beta] = [\alpha * \beta] \tag{8.8}$$

で与える．次に単位元は，$e(t) = x_0$ で与えられるまったく動かない定数ループに属する同値類 $e = [e]$ である．すると，上の積に関して

$$([\alpha] * [\beta]) * [\gamma] = [\alpha] * ([\beta] * [\gamma]), \tag{8.9}$$

$$[\alpha] * [e] = [\alpha], [e] * [\alpha] = [\alpha], \tag{8.10}$$

$$[\alpha] * [\alpha^{-1}] = [\alpha^{-1}] * [\alpha] = [e] \tag{8.11}$$

が成立し群をなすことがわかる．これを基本群とよぶ．

例 8.1　$X = S^1$ (円周) の場合，

$$\pi_1(S^1, x_0) = \mathbb{Z} \tag{8.12}$$

これは前節に示した場合に対応し，ループが円周を何回まわったかを表す．整数 n (時計回りを正，反時計回りを負とする) によってホモトピー類が定義されることを意味する．◁

例 8.2　$X = S^2$ (球面) の場合，

$$\pi_1(S^2, x_0) = 0 \tag{8.13}$$

これは球面上のループは，すべて連続変形で 1 点に縮められること，つまり自明であることを意味する．◁

次に起点 x_0 の依存性について考えよう．つまり x_0 とは異なる点 x_1 を起点とする基本群 $\pi(X, x_1)$ と $\pi(X, x_0)$ との関係を探ろうというわけである．このために x_0 から x_1 に至る路 c を選ぶ．これは X が弧状連結であることから常に可能である．いま α_1 を x_1 を起点とするループ，α_0 を x_0 を起点とするループとすると，図 8.5 に示すように $c\alpha_1 c^{-1}$ は x_0 を起点とするループとなるので，これが $\pi_1(S^1, x_1)$ から $\pi_1(S^1, x_0)$ への写像を与えることがわかる．つまり

$$\pi_1(X, x_1) \ni [\alpha_1] \mapsto C([\alpha_1]) = [c * \alpha_1 * c^{-1}] \in \pi_1(X, x_0) \tag{8.14}$$

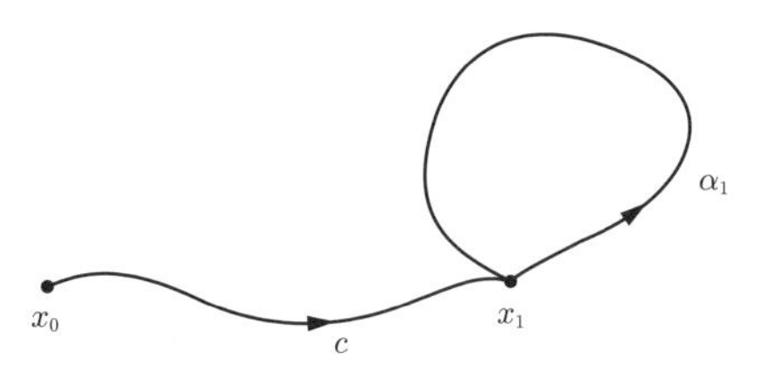

図 **8.5**　x_1 を起点とするループ α_1 と x_0 から x_1 へ向かう路 c

$\pi_1(X, x_1)$ と $\pi_1(X, x_0)$ の役割を交換し，c を c^{-1} に置き換えれば，C の逆写像 C^{-1} を定義できるのでこの写像は 1 対 1 であることがいえる．また

$$(c * \alpha_1 * c^{-1})(c * \beta_1 * c^{-1}) \sim c * (\alpha_1 * \beta_1) * c^{-1} \tag{8.15}$$

がわかるので，

$$C([\alpha_1])C([\beta_1]) = C([\alpha_1] * [\beta_1]) \tag{8.16}$$

したがって C は $\pi_1(X, x_1)$ と $\pi_1(X, x_0)$ の間の同型写像であることがわかった．このように異なる起点の基本群の間に同型の関係があるので起点に依らない群 $\pi_1(X)$ を考えることができるようになった．

8.3　秩序変数の欠陥の分類

基本群の応用として，8.1 節で述べた秩序変数の欠陥のトポロジーによる分類を考えよう．秩序変数としては平面に拘束された $\boldsymbol{n}$ のほかにも種々のものが考えられる．例えば，面内のスピン異方性がない場合には，$\boldsymbol{n}$ は単位球面上のどの方向を向いてもよい．また，ネマティック液晶の場合には分子の頭と尾の区別がないので，$\boldsymbol{n}$ と $-\boldsymbol{n}$ を同一視する条件でやはり $\boldsymbol{n}$ が秩序変数となる，などなどである．このように多種の対称性の破れ方のパターンが存在するが，ほとんどの場合 Lie (リー) 群を用いた群論で解析することができる．以下では，この Lie 群の関係した群あるいは類のトポロジー的な考察が主題となる (ここからの記述に関する詳細は文献[30]を参照のこと)．

まず，対称性が破れていない (通常は高温側での) 状態における系の対称性を Lie 群 G と書く．つまり $g \in G$ を作用させても系が変化しないという意味である．一方の対称性が破れた相では，生き残った対称操作の群 H は G よりも小さな部分群であろう．そこで対称性の破れは，秩序変数を固定したときに剰余類 G/H で指定される (ここで，厳密には H が不変部分群でないと商群 G/H と書いてはいけないのであるが，物理ではしばしばこのような書き方をする．左剰余群を表していると理解してほしい．以下のホモトピーの解析には，H が不変部分群でないことは支障を生じない)．

例えば，平面に拘束された $\boldsymbol{n}$ の場合には，G として 2 次元平面の回転群 $SO(2)$ をとれば H は自明な群 (つまり単位行列のみの群) となり，$G/H = G = SO(2)$ となる．ここで，注意したいことは，G の選び方には任意性があるということである．G をもっと大きくとることで，問題がより簡単になることがしばしば存在する (このときには H も大きくなり，G/H は変わらない)．特に重要な点は後述するように G として単連結なものにすると解析が容易になるということである．

ここで Lie 群 G のトポロジー的な性質について調べよう．まず，G が必ずしも単連結ではないとする．G の部分集合で，単位元 e と連続的につながっている部分を G_0 としよう．すると G_0 は不変部分群である．

(証明) まず G_0 が部分群であることは任意の $a, b \in G_0$ に対して $ab^{-1} \in G_0$ が示せればよい (他の条件は自明なので)．そのために $t \in [0,1]$ に依存した元 $a_t, b_t \in G_0$ で $a_{t=0} = e$, $a_{t=1} = a$, $b_{t=0} = e$, $b_{t=1} = b$ となるものをとってこよう．これは $a, b \in G_0$ から常に可能である．そこで $a_t b_t^{-1}$ をつくると，これは $t = 0$ で単位元 e，$t = 1$ で ab^{-1} となるので $ab^{-1} \in G_0$ が結論される．次に不変部分群であることは任意の $a \in G_0$，$c \in G$ に対して $cac^{-1} \in G_0$ が成立することを意味する．ca_tc^{-1} をつくると，これは $t = 0$ で e，$t = 1$ で cac^{-1} となるので $cac^{-1} \in G_0$ が示された． ■

G がいくつかの非連結部分群に分かれるときには，それは G_0 による商群 G/G_0 により記述される．なぜなら (a) 剰余類の中の元はお互いに連結している，(b) G の連結している 2 つの元は同じ剰余類に属している，ことを示すことができるからである．

(証明) (a) b_0 と b_1 がともに同じ剰余類 aG_0 の中に含まれていたとすると，$b_0 = ah_0$，$b_1 = ah_1$ となる $h_0, h_1 \in G_0$ が存在する．G_0 は連結だから h_0 と h_1 をつなぐ h_t が G_0 の中にとれ，$ah_t \in aG_0$ である．したがって b_0 と b_1 は連結している．(b) $b_0, b_1 \in G$ を結ぶ $b_t \in G$ をつくると，$b_0^{-1}b_t$ は $t = 0$ で e，$t = 1$ で $b_0^{-1}b_1$ を

与えるから，$b_0^{-1}b_1 \in G_0$ である．よって $b_1 = b_0(b_0^{-1}b_1) \in b_0G_0$ となり両者は同じ剰余類に属している． ■

さらに Lie 群に関しては次の重要な定理が成立する．

定理 8.1 Lie 群の基本群は可換群である．

(証明) Lie 群 G の基本群で，その起点を単位元 e にとるもの $\pi_1(G,e)$ を考える．2 つのループを $\alpha(t) \in G$，$\beta(s) \in G$ とし，積 $\alpha(t) \times \beta(s) \in G$ を (s,t) 平面でつくることができる．ここで $\times$ は群 G の積であり，基本群に関係したループの積ではない．図 8.6 に示すようにこの (s,t) 平面でいろいろな経路を考えることができるがそれらはすべてホモトープである．C_1 に沿ってのループは $\alpha * \beta$ に対応し，C_2 に沿ってのループは $\beta * \alpha$ に対応するので，$[\alpha] * [\beta] = [\beta] * [\alpha]$ が成立する． ■

以上の準備のもとに，次の重要な定理に進もう．

定理 8.2 単連結な Lie 群 G とその部分群 H に対して，H の部分群で，単位元 e と連結したものを H_0 とすると，$\pi_1(G/H)$ と H/H_0 は同型である．したがって，基本群 $\pi_1(G/H)$ は H/H_0 を解析すればよい．

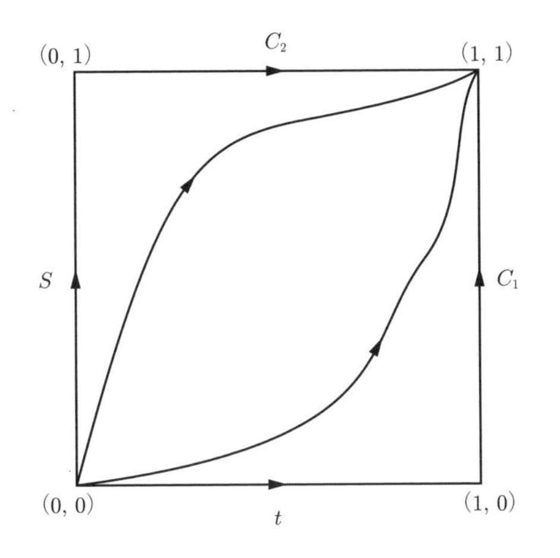

図 **8.6**　(s,t) 平面における $\alpha(t) \times \beta(s)$ の経路

(証明) まず剰余類 G/H の中のループと H の e を終点とする路が対応することを示そう．いま，G の中に路 $g(t) \in G$ を考えよう．$t=0$ および $t=1$ で $g(t)$ は H に含まれる，つまり $g(0), g(1) \in H$ とする．ここで，中間の t に対しては一般に $g(t)$ は H の中に留まる必要はないし，またループをつくる必要もない．しかし，剰余類 $K(t)=g(t)H$ を考えると，これは G/H の中でループを描く．$h=g(1)^{-1} \in H$ をとると $(g(t)h)H$ は G/H 中で $K(t)$ と同じループを描くので，一般性を失うことなく $g(1)=e$ としてもよい．つまり，図 8.7 に示すように $g(t)$ は H 上の点から出発し $e \in H_0$ に到達する路であり，同時に G/H 中のループを与えるのである．一般に H は H_0 のいくつかの商群 H/H_0 に分割できる．これらはそれぞれの中では連結しているが，互いには H の中を通る路によっては連結していない．

また図 8.8 に示すように，H_1 と H_2 にそれぞれ対応する路 g_1 と g_2 に対して $g_1(t)g_1(0)$ と $g_1(t)$ をつなぐと，これは積 H_1H_2 に対応することがわかる．

後は，上の H/H_0 と $\pi_1(G/H)$ の対応が 1 対 1 対応であることを示せばよい．出発点がともに H_1 に属する 2 つの道 g と g' があったときには，$g(0)$ と $g'(0)$ を結ぶ常に H_1 の中にある路 c をつくれる．この c と g，g' で G の中におけるループをつくることができるが，G が単連結であることから，このループは 1 点に可縮である (図 8.9)．このことから g，g' に対応する $\pi_1(G/H)$ の元は一致すること

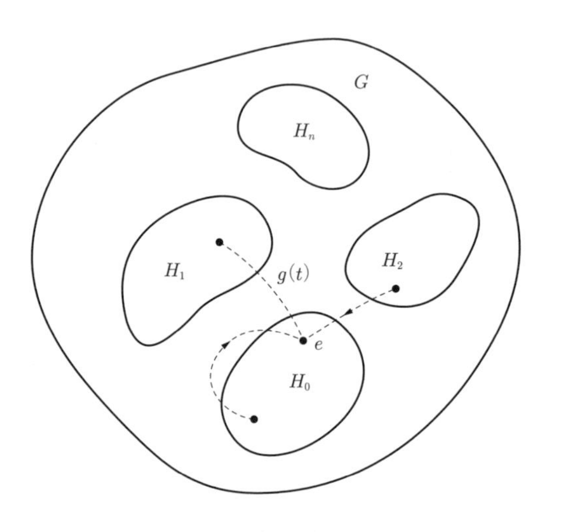

図 **8.7**　路 $g(t) \in G$ と不変部分群 $H = H_0 \cup H_1 \cup \cdots \cup H_n$

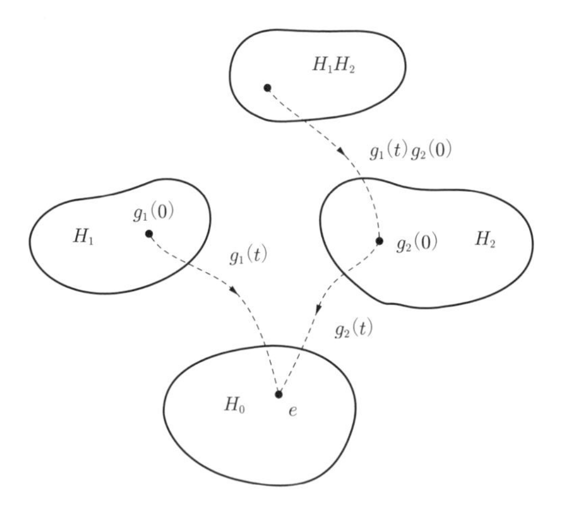

図 **8.8**　$g_1(t)$ と $g_2(t)$ から $g_1(t)g_2(0)$ をつくるとその始点は $g_1(0)g_2(0) \in H_1H_2$ となる

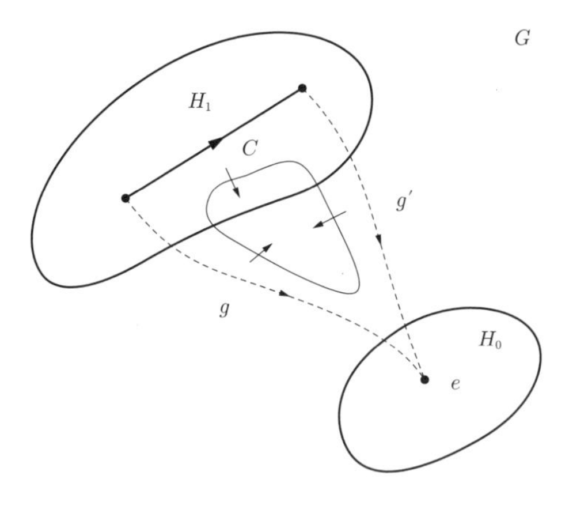

図 **8.9**　H_1 に属する g, g' と $g(0)$, $g'(0)$ を結ぶ路 c

がいえる．また，$K_0(t)$ と $K_1(t)$ がホモトープであるとすると $z=0$ と $z=1$ の両端で K_0 と K_1 を与える連続な $K_z(t)$ が存在する．各 z に対して，

$$K_z(t) = g(t)H = g'(t)H \tag{8.17}$$

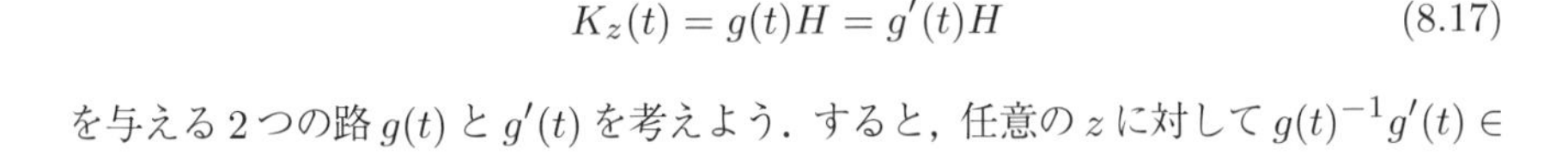

を与える 2 つの路 $g(t)$ と $g'(t)$ を考えよう．すると，任意の z に対して $g(t)^{-1}g'(t) \in$

H であり，$t=1$ で $g(1)^{-1}g'(1)=e$ なので，連続性から $g(0)^{-1}g'(0) \in H_0$ となる．したがって $K_1(t)$ と $K_2(t)$ は同じ H/H_0 の元に対応することが示せた．■

例 8.3　上述の応用として面内に拘束された $\boldsymbol{n}(\boldsymbol{r})$ の場合を考えてみよう．G を $SO(2)$ とするとこの群は単連結ではないので上の議論が適用できない．そこで，G として 1 次元の並進群 $T(1)$ を採用する．具体的には $\boldsymbol{n}=(\cos\theta,\sin\theta)$ として $T_\phi(\theta)=\theta-\phi$ で定義する．この群は実軸全体と対応しているが，θ と $\theta+2\pi$ が同等であることから $H=\{T_{2\pi n} \mid n: 整数\}$ となる．H は離散群なので H_0 は単位元 e だけの自明な群となる．したがって $H/H_0=\mathbb{Z}$ となり $\pi_1(G/H)=\mathbb{Z}$ を再現する．◁

例 8.4　今度は面内に拘束されない $\boldsymbol{n}(\boldsymbol{r})$ の場合を考える．ここでも G を $SO(3)$ とするとこの群は単連結ではないので上の議論が適用できない．そこで，G として単連結な $SO(3)$ の被覆群である $SU(2)$ を採用する．いま $\boldsymbol{n}$ が z 方向を向いているとすると，H としては

$$u(\theta)=\exp\left(\frac{i}{2}\theta\sigma^3\right) \tag{8.18}$$

となる．この群はすべての元が連続的に単位元 e とつながっているので，$H_0=H$ となり，$\pi_1(G/H)=\pi_1(H/H_0)=0$，つまり基本群は自明な群となる．◁

8.4　高次ホモトピー群

ループが $\alpha(t)$ を n ループ $\alpha(t_1,\ldots,t_n)$ に拡張することで n 次元ホモトピー群

$$\pi_n(X) \tag{8.19}$$

が定義される．ここでは感覚をつかんでもらうために例を挙げるにとどめる．詳細は文献[6]を参照されたい．

例 8.5　$n=2$ の場合，(t_1,t_2) 平面で領域 $I_2=[0,1]\times[0,1]$ の境界上で $\alpha(t_1,t_2)$ は基点 $x_0\in X$ となる．したがって境界を同一視するとこれは S^2 と同相である．

$\pi_2(S^2)$ は，S^2 から S^2 への写像を考えたときの分類であるが，この写像が何回 S^2 を覆うかという整数が対応する．具体的には単位ベクトル $\boldsymbol{n}(t_1,t_2)\in X=S^2$

として

$$N = \frac{1}{4\pi} \int_{I_2} dt_1 dt_2 \, \boldsymbol{n} \cdot \left(\frac{\partial \boldsymbol{n}}{\partial t_1} \times \frac{\partial \boldsymbol{n}}{\partial t_2} \right) \tag{8.20}$$

は整数となり，物理ではスキルミオン数とよばれている．これから $\pi_2(S^2) = \mathbb{Z}$ となる．$\pi_1(S^2)$ が 3 次元の線欠陥を分類していたのに対して，この数，つまり $\pi_2(S^2)$ は 3 次元の点欠陥を分類することになる．なぜなら，点欠陥を囲むのは 2 次元球面だから．◁

9 カタストロフィー理論

9.1 カタストロフィー理論の考え方

カタストロフィー理論は1972年にRene Thom (ルネ・トム) によって創始された理論で，徐々に変化するパラメータに対して不連続に生じる変化を扱う方法を与える．この理論は，微分トポロジーの分野におけるThomの定理がその中心にあるので本書の巻末に，その考え方と初等的解説を与える．ここでは，物理学における相転移現象を例にとり，その考え方を説明する．

すでに前章で述べたように，物理学では系を特徴付けるポテンシャル $V(x)$ のもつ対称性よりも，系のもつ対称性のほうが低い場合がしばしば現れる．これを自発的対称性の破れといい，これを特徴付ける変数を秩序パラメータという．この対称性の変化は例えば強磁性で温度を下げていくと，ある転移温度 T_c で起きるが，この現象を相転移とよぶ．相転移を記述するもっとも基本的な理論はLandau理論とよばれ，カタストロフィー理論のさきがけとみなすことができる[31]．強磁性体の例では系を記述するポテンシャル V は M を磁化，H を磁場として

$$V(M) = aM^2 + bM^4 - HM \tag{9.1}$$

で表される．$H = 0$ のときに $V(M)$ を示すと，$b > 0$ として $a > 0$ のときと $a < 0$ のときにそれぞれ図9.1のようになる．M の代わりに変数 x を導入し，適当にスケール変換すると

$$V(x) = \frac{1}{4}x^4 + \frac{u}{2}x^2 + vx \tag{9.2}$$

という形に書ける．この $V(x)$ が係数 u, v に依存することをあらわに示してこれを $F(u, v, x)$ と書くことにしよう．(u, v) を2次元座標とする表面をコントロール表面とよぶ．各 (u, v) に対して，x のとる値は，F の極値条件から

$$\frac{\partial F(u, v, x)}{\partial x} = x^3 + ux + v = 0 \tag{9.3}$$

の方程式を満たす．これを満たす (u, v, x) の点の集合を平衡空間 M_F とよぶ．

$$M_F = \left\{ (u, v, x) \,\middle|\, \frac{\partial F}{\partial x} = x^3 + ux + v = 0 \right\} \tag{9.4}$$

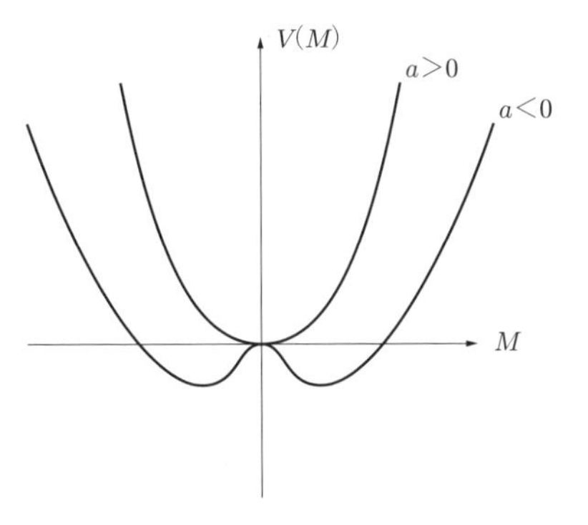

図 **9.1**　ポテンシャル $V(M) = aM^2 + bM^4$ $(b > 0)$ の概形．a の符号によって最小点が変化する

さらに M_F の部分集合で，x が F の極小値を与える集合 G_F を安定平衡空間とよぶ．つまり

$$G_F = \left\{ (u, v, x) \,\middle|\, \frac{\partial F}{\partial x} = x^3 + ux + v = 0,\ \frac{\partial^2 F}{\partial x^2} = 3x^2 + u > 0 \right\}. \tag{9.5}$$

G_F の境界を Σ_F とすると

$$\Sigma_F = \left\{ (u, v, x) \,\middle|\, \frac{\partial F}{\partial x} = x^3 + ux + v = 0,\ \frac{\partial^2 F}{\partial x^2} = 3x^2 + u = 0 \right\} \tag{9.6}$$

となる．M_F 上の点 (u, v, x) をコントロール平面上の点 (u, v) へ移す写像 χ_F をくさびのカタストロフィー写像という．

$$\chi_F : M_F \to \mathbb{R}^2 \tag{9.7}$$

M_F 上の点を u と x で指定する．つまり $(u, -x^3 - ux, x)$ と書くと

$$\chi_F : (u, x) \mapsto (u, -x^3 - ux) \tag{9.8}$$

となる．この変換の Jacobi (ヤコビ) 行列は

$$J = \begin{pmatrix} 1 & 0 \\ -x & -3x^2 - u \end{pmatrix} \tag{9.9}$$

なので (u, x) が χ_F の特異点となる必要十分条件は，

$$\det J = -3x^2 - u = 0 \tag{9.10}$$

である．これは Σ_F の条件にほかならない．特異点 (u, v, x) がさらに $\frac{\partial^3 F}{\partial x^3} = 6x = 0$ を満たすとき，2 次の特異点とよび Σ_F^2 で表す．これは原点 $(0, 0, 0)$ にほかならない．

χ_F の特異値の集合 B_F を χ_F の分岐集合とよぶ：

$$B_F = \left\{ (u, v) \middle| \frac{\partial F}{\partial x} = \frac{\partial^2 F}{\partial x^2} = 0 \text{ となる } x \text{ が存在する} \right\}. \tag{9.11}$$

F の具体形より

$$B_F = \left\{ (u, v) \middle| 4u^3 + 27v^2 = 0 \right\} \subset \mathbb{R}^2 \tag{9.12}$$

が得られる．

同様に Σ_F^2 に対して $B_F^2 = \{(0, 0)\}$ が求まる．この B_F の意味を理解するために (u, v) 平面の各領域におけるポテンシャルの形の変化を図 9.2 に示した．これから B_F のところで，局所的には極小であるが大域的では安定でない，いわゆる

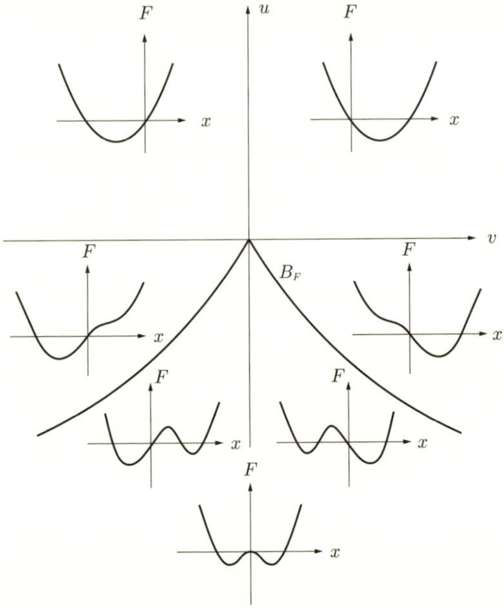

図 9.2 (u, v) 平面におけるポテンシャル形状の変化

準安定状態が消えて，真の安定状態へ x が転がり落ちる不連続な変化が起きることがわかる．この不連続な変化をカタストロフィーとよぶ．

9.2　Thom の定理と初等カタストロフィー

Thom の定理とは，前節で述べたような不連続な変化の起こり方にどのようなタイプがあるかの分類を与えるものである．一見すると無限の種類が存在するように思われるが，ポテンシャルが「構造安定性」という条件を満たす場合には，わずか 7 種類に限られるというのがカタストロフィー理論の示すところである．この構造安定性の数学的に厳密な定義は専門書 (例えば文献[33]) にゆずらねばならないが，大略は「わずかな摂動を加えても系の安定的振舞いが変化することはない」ということを意味している．

まず，前節の x，つまり系を記憶する変数を n 個に拡張し，$z = (z_1, \ldots, z_n) \in \mathbb{R}^n$ とする．一方，コントロールパラメータ (u, v) を k 個に拡張し，$p = (p_1, \ldots, p_k) \in \mathbb{R}^k$ と書く．ここでは簡単のために $1 \le k \le 4$ に限定する．するとポテンシャル関数 $F(p, z)$ は，

$$F(p,z) : \mathbb{R}^k \times \mathbb{R}^n = \mathbb{R}^{k+n} \ \to \ \mathbb{R} \tag{9.13}$$

の写像を与える．この写像に対して前節と同様にカタストロフィー写像

$$\chi_F : M_F \ \to \ \mathbb{R}^k \tag{9.14}$$

表 9.1　構造安定な系の示す 7 種類の初等カタストロフィー

k	F	名称
1	$\frac{x^3}{3} + ux$	折り目
2	$\pm\frac{x^4}{4} + \frac{u}{2}x^2 + vx$	くさび
3	$\frac{x^5}{5} + \frac{u}{3}x^3 + \frac{v}{2}x^2 + wx$	つばめの尾
4	$\pm\frac{x^6}{6} + \frac{u}{4}x^4 + \frac{v}{3}x^3 + \frac{w}{2}x^2 + tx$	蝶
3	$x^3 + y^3 + wxy - ux - vy$	双曲的へそ
3	$\frac{1}{3}x^3 - xy^2 + w(x^2 + y^2) - ux - vy$	楕円的へそ
3	$x^2y \pm y^4 + ux^2 + vy^2 + wx + ty$	放物的へそ

を定義すると，適当な変数変換によって $M_F, \chi_F, \Sigma_F, \Sigma_F^2, B_F$ などの原点近傍での振舞いは表 9.1 に与える 7 つのポテンシャル関数のうちのどれか 1 つと一致する，というのが Thom の定理である (以上は，定理の概略を述べただけであって数学的に正確な記述からは程遠い．詳しくは参考文献[33]を参照のこと).

カタストロフィー理論は，自然科学の諸分野において，連続なパラメータの変化に伴う不連続な変化の定性的な解析に有効な方法論を与える．物理や化学だけではなく，生物学における形態形成を議論する際にこの理論は応用されている．

参 考 文 献

[全般]

[1] C. Nash and S. Sen: *Topology and Geometry for Physicists*, Academic Press, San Diego, 1983.

[2] 和達三樹：微分・位相幾何，岩波書店，1996.
理工学の学生向きに書かれた入門書．本書の記述も多くのところでこれに準じた．

[3] H. フランダース (岩堀長慶 訳)：微分形式の理論　および物理科学への応用，岩波書店，1967.

[4] B. シュッツ (家正則・二間瀬敏史・観山正見 訳)：物理学における幾何学的方法，吉岡書店，1987.
特に Lie 微分に関する記述がわかりやすい．

[5] 森田茂之：微分形式の幾何学，岩波書店，2005.
数学者によって書かれた本であるが，理工学分野の学生にも理解しやすい．

[6] M. Nakahara: *Geometry, Topology and Physics*, Taylor & Francis Group, 2003.
これも物理学者向けに書かれた教科書であるが，大部でありひととおり学習をした後で辞典的に使うのに適している．

[7] 田村一郎：トポロジー，岩波書店，1972.

[8] 松島与三：多様体入門，裳華房，1965.

[9] 松本幸夫：多様体の基礎，東京大学出版会，1988.

[10] 村上信吾：多様体　第 2 版，共立出版，1989.

[11] 坪井俊：幾何学 I 多様体入門，東京大学出版会，2005.

[12] 坪井俊：幾何学 III 微分形式，東京大学出版会，2008.

[13] 服部晶夫：多様体のトポロジー，岩波書店，2003.

[14] 小林昭七：接続の微分幾何とゲージ理論，裳華房，1989.

[15] T. Eguchi, P. B. Gilkey, A. J. Hanson: Gravitation, Gauge Theories and Differential geometry, Phys. Rep. **66**, p.213, 1980.

[16] 日本数学会 編：岩波数学辞典　第 4 版，岩波書店，2007.
種々のホモロジー，ホモトピー群に関する表は特に参照のこと．

[はじめに]

[17] 小松醇郎：いろいろな幾何学，岩波書店，1977.
幾何学の歴史に関する教養書．

[18] 砂田利一：現代幾何学への道——ユークリッドの蒔いた種，岩波書店，2010.

[**第 2 章**]

[19] 小林昭七：曲線と曲面の微分幾何 (改訂版)，裳華房，1995.

[20] 安達忠次：微分幾何学概説，培風館，1976.

[21] 落合卓四郎：微分幾何入門　上，東京大学出版会，1991.

[22] 落合卓四郎：微分幾何入門　下，東京大学出版会，1993.

[**第 3 章**]

[23] Lie 群，Lie 代数については，
山内恭彦，杉浦光夫：連続群論入門，培風館，1960 (新装版 2010).
が詳しく解説している.

[**第 5 章**]

[24] 阿原一志：計算で身につくトポロジー，共立出版，2013.

[**第 7 章**]

[25] 松本幸夫：Morse 理論の基礎，岩波書店，2005.

[26] J. J. Sakurai: *Modern Quantum Mechanics*, Addison-Wesley, 1985.

[27] M. E. Peshkin, D. V. Schröder: *An Introduction to Quantum Field Theory*, Addison-Wesley, 1995.

[28] 中村誠太郎 編，江口徹著：大学院素粒子物理 2　新領域開拓，第 10 章 超対称性理論入門，講談社，1998.

[29] E. Witten, Supersymmetry and Morse Theory, J. Differential Geometry, **17**, p.661, 1982.

[30] ホモトピー理論の物理学への応用に関しては
N.D. Mermin: The topological theory of defects in ordered media, *Rev. Mod. Phys.*, **51**, p.591, 1979.
が読みやすい．本書の記述もこれに準じている.

[**第 8 章**]

[31] ランダウ・リフシッツ (小林秋男，小川岩雄，富永五郎，浜田達二，横田伊佐秋 訳)：統計物理学　第 3 版，岩波書店，1980.

[32] カタストロフィー理論の初等的な解説として
野口宏：カタストロフィー，サイエンス社，1977.
がある.

[33] R. Thom: *Structural Stability and Morphogenesis: An Outline of a General Theory of Models*, Addison-Wesley, Reading, 1989.
は創始者本人による原著である.

おわりに

数学は，幾何，代数，解析などの分野に分かれて教えられることが多かったが，今日ではそれらの間をまたいだ分野こそが発展しているといっても過言ではない．また，数学を飛び出して物理学に目を向けると，そこには数学としても興味深い多くのアイデアや概念が見出されることがしばしばであるし，その逆も真である．幾何学，解析学，代数学の融合は，本書で扱う「微分幾何学とトポロジー」において顕著な形で達成されつつある．多様体の微分構造が，大域的なトポロジーに結びつくというアイデアは古く Gauss に遡るが，その発展は目をみはるものがあり，しかも今日，物理学や工学の分野で，その重要性はますます増大しているのである．

本書は工学教程・専門に属する教科書として書かれたものであり，初等的な数学 (微積分，線形代数，ベクトル解析など) の知識を前提としている．本書で扱うテーマはこれらを統合した高度なものであり，必要に応じて基礎に戻って確認しながら本書を読んでもらいたい．

執筆者は，数学者ではなく物性理論を専門とする者である．数学の本のスタイルは馴染みがなく，むしろ「無味乾燥」な印象をもってきた．本書は，厳密性は犠牲にしても「直観がはたらく」ような記述を目指した．本書により，このテーマの「感触」をつかんだ後には，巻末に挙げたより進んだ専門書を読まれることを勧める．

2016 年 8 月

永 長 直 人

索　引

欧　文

あ　行

か　行

さ　行

た　行

な 行

は 行

ま 行

や 行

ら 行

わ　行

東京大学工学教程

2016年8月

著者の現職

永長直人（ながおさ・なおと）
東京大学大学院工学系研究科物理工学専攻教授

東京大学工学教程　基礎系　数学
微分幾何学とトポロジー

平成28年9月30日　発　　行
平成31年4月10日　第5刷発行

編　者　東京大学工学教程編纂委員会

著　者　永　長　直　人

発行者　池　田　和　博

発行所　丸善出版株式会社
〒101-0051 東京都千代田区神田神保町二丁目17番
編集：電話(03)3512-3266／FAX(03)3512-3272
営業：電話(03)3512-3256／FAX(03)3512-3270
https://www.maruzen-publishing.co.jp

印刷・製本／三美印刷株式会社

ISBN 978-4-621-30067-1 C 3341　Printed in Japan